U0334215

交通与城市

关于交通方式与城市规划的思考

（2000—2020）

刘武君 / 著

同济大学出版社
TONGJI UNIVERSITY PRESS

图书在版编目(CIP)数据

交通与城市：关于交通方式与城市规划的思考 / 刘武君著. —上海：同济大学出版社，2022.7

（交通与城市规划丛书）

ISBN 978-7-5765-0113-1

Ⅰ.①交… Ⅱ.①刘… Ⅲ.①城市规划—交通规划—研究—中国 Ⅳ.①TU984.191

中国版本图书馆 CIP 数据核字(2021)第 277152 号

交通与城市规划丛书

交通与城市：关于交通方式与城市规划的思考

刘武君 著

责任编辑 胡 毅 宋 立 责任校对 徐春莲 装帧设计 赵 军

出版发行 同济大学出版社 www.tongjipress.com.cn

（地址：上海市四平路 1239 号 邮编：200092 电话：021-65985622）

经 销 全国各地新华书店、建筑书店、网络书店

排版制作 南京文脉图文设计制作有限公司

印 刷 上海安枫印务有限公司

开 本 787 mm×1092 mm 1/16 开

印 张 12

字 数 300 000

版 次 2022 年 7 月第 1 版

印 次 2022 年 7 月第 1 次印刷

书 号 ISBN 978-7-5765-0113-1

定 价 128.00 元

地图审图号：GS(2022)1015 号

内容提要

交通带来集散，孕育了城市，城市的繁荣又带来交通的发展。交通是城市的骨架和血脉，不同的交通方式支撑起形态各异的城市。

刘武君教授长期从事民航机场、交通枢纽、磁浮交通、轨道交通、公共交通等重大交通基础设施的规划、投资、建设、运营工作，积累了丰富的经验，著述颇丰。本书精选作者近20年对于城市空间结构规划以及各类交通方式与城市关系的思考和真知灼见，对交通规划、城市规划以及基础设施规划、投资、建设、运营等领域的专业和管理人员极具参考价值。

前言

1989 年,我想从日本去美国学习。吴良镛先生恰好来日本讲学,他对我说:“出国的目的就是要学会换个角度看问题,在哪里学习都能达到这个目的。日本人善于收集、整理世界上的科技情报,在这里学习也有其独特的好处。”从此以后,我在生活和工作中一直都特别注意“换个角度思考问题”,特别注意听取有识之士的意见,也特别注意换到对方的角度理解其所持的不同意见。30 年过去了,我从先生这一席话中获益良多。现在我认为:同一角度上想得多(宽)、想得细(深),只能叫“精明”;会换个角度考虑问题,就被认为是“聪明”了;而只有会多角度研究问题、会与对立方换位思考的人,才可以称之为“智慧”。当然,要获得更多的视角,你就必须积累更多的知识,也就是要有更多的“专业背景”。

我是学城市规划专业的,毕业后一直做着交通规划设计与项目管理工作。于是,在交通规划设计和项目管理工作中,我总是还有一个城市规划的视角,即从城市的角度看交通、从交通的角度想城市。交通带来集散,也孕育了城市,城市的繁荣又带来交通的发展。交通是城市的骨架和血脉,不同的交通方式支撑起形态各异的城市及其空间结构。交通与城市的关系总是那么令人着迷!我一直在民航、磁浮、铁路与轨道交通领域工作,一直在研究各种交通方式与城市规划的关系。终于在 10 多年前,虹桥综合交通枢纽的规划设计和项目管理,使我有机会展示了自己多年来积累的知识、能力和智慧。

虹桥综合交通枢纽投运以后,我又主持了珠海横琴口岸及综合交通枢纽的项目策划与概念设计、港珠澳大桥珠海口岸岛及综合交通枢纽项目策划与概念设计、铜陵市有轨电车项目策划与有轨电车网络规划、北京新机场综合交通枢纽项目策划、北京新机场及其周边地区开发机制策划、新疆乌吐机场一体化建设运营项目策划与专项规划、揭阳潮汕机场综合交通枢纽项目策划、海口市海铁综合交通枢纽项目策划、南宁机场货运物流园区投建营一体化项目策划、海口美兰机场港产城一体化开发策划等一系列影响城市结构发展的工作，并将这些工作作为案例，在清华大学、同济大学、中国民航管理干部学院做了讲座，与师生们做了交流。我还发表了一些与这些工作有关的文章，讨论的都是民航机场、磁浮交通、铁路与轨道交通、综合交通枢纽等与城市规划的关系。本书收入了 2000 年以来其中的 19 篇，均已发表在《城市规划》《综合运输》《上海城市发展》《城市轨道交通研究》《交通与港航》《北京规划建设》《民航管理》《城市发展研究》等期刊及“机场发展”等微信公众平台上。由于时间跨度较长，文章的背景各不一样，本书收录时也就不再做任何修订，只在文后说明发表刊物和日期，请各位谅解。希望这些文章能够得到大家的批评指正，借此机会与大家共同研讨“交通与城市”问题，从而获得一些新的看问题的角度和灵感。

基于个人的项目经历和理论研究，我在 2004 年出版了《大都会：上海城市交通与空间结构研究》一书，明确提出了“组合出行论”和与之相对应的“交通走廊＋综合交通枢纽＋城市中心”的城市结构模型。后来又在 2015 年出版了《综合交通枢纽规划》一书，详细地论述了模型中综合交通枢纽及其周围地区即城市中心的规划问题。再加上本书——《交通与城市：关于交通方式与城市规划的思考》，以及即将出版的《门户型交通枢纽与城市空间规划》《虹桥十年：虹桥综合交通枢纽后评估》，五本均可视为该理论体系的系列丛书。另外，还有《建设枢纽功能　服务区域经济——天津交通发展战略研究》(2006 年)、《打造交通极　成就桥头堡——珠海市公共交通发展战略研究》(2014 年)、《双港驱动　海口腾飞——海口城市重大基础设施项目策划》(2020 年)三本书，可视为该理论体系的案例系列图书。

最后，感谢同济大学出版社的编辑和朋友们！感谢在过去 20 年中给我帮助和支持的教授们、同事们、朋友们！感谢他们的无私贡献和默默保障！尤其感谢顾承东、毛其智、吴唯佳、武廷海、赵亮、陈建国、陈小鸿、王广斌、贾广社、唐可为、周红波、胡群方、贺胜中、郭伟、陈依兰、邓练兵、李倩林、黄翔、李桂进、李毅、谢立、嵇仁尧、李文沛、李胜、唐炜、张胜、胡建忠、薛美根、陈必壮、杨立峰、宿百岩、李峰、胡毅、陈立、李起龙、陈文彬、乔延军等各位朋友，感谢未能提及的各位给我带来了新资料、新视角、新灵感！

真诚地谢谢大家！

刘武君

2021 年端午，上海

目录

城市空间结构规划

上海“巨型结构”的形成及其规划探讨

改革开放以来，特别是20世纪90年代以来，上海的社会、经济发展迅速。浦东新区“一年一个样、三年大变样”的城市基础设施建设使上海的城市形态与结构发生了根本性的变化，一个完全不同于过去的新上海已初见雏形。本文希望通过对上海城市结构演变的总结和分析，寻找出90年代上海城市高速发展所引发的城市结构变化的实质性东西，并在此基础上研究新一轮的建设，比如浦东国际机场和洋山深水港的建设等，对上海城市形态和结构的发展将产生的影响，进而提出一些对“上海城市总体规划”的修订或调整有益的思想和理念。

1 上海城市结构的演变

上海地处长江三角洲东缘，是中国黄金海岸和黄金水道的交汇点，又是业已形成的中国东部沿海经济发展带与长江经济发展带的交汇点，是长江流域广大腹地与外界交流的枢纽。上海既是我国最大的经济中心城市，又是世界上为数不多的几个特大城市之一。回顾历史，上海发展成为今天这个样子大约花了700年。从城市形态与结构的角度来看，这700年可以分为两大阶段。

1.1 第一阶段：单核城市的出现与港口城市的发展

上海的西部成陆较早，东部则为近两千年来泥沙冲积而成。唐代中期，这一地区由于农业、渔业和盐业的繁荣而设立华亭县，县治设于今松江县城的位置。现在的上海市区就属于华亭县所辖。其时华亭县的经济贸易中心在县治以北、松江南岸的青龙镇，松江即为华亭县的经济贸易大动脉。宋代后期，松江上游淤浅，航道不畅，松江下游的上海浦接纳了由于航道受阻而无法到达青龙镇的船只。于是，一个被称作“上海镇”的新港口和集镇就在今小东门、十六铺一带的上海浦上形成了。1267年，南宋正式设立镇治，并由于上海镇水路四通、漕运发达而成为松江府的经贸重镇，成为全国七大“市舶司”①之一。1292年春，上海正式跃升为县治，标志着上海作为一个城市的诞生。

13世纪，最早的上海镇是我国宋元时代典型的港口城市，是一座单核城市，直至明代中叶也没有像传统的封建城市那样修筑方方正正的城墙。明中叶以后，为了抵御倭寇的侵扰，上海才修建了一座不规则的椭圆形城墙，在东城墙上开有三个城门，均面向黄浦江。于是，在黄浦江沿岸

---

① 市舶司：管理中外商船和对货物征税的政府机构，其职责与现在的海关和港务机构相近。当时的七大市舶司为：上海、广州、泉州、温州、杭州、庆元、澉浦。

码头与东南城墙之间的十六铺一带便形成了新的街区。

虽然上海在开埠以前就已经是一个相当发达的商业城市，但是近代上海并非在旧上海县城的基础上演化拓展而来，而是以旧城以北的租界为基础带动旧城的现代化。鸦片战争以后，帝国主义利用各种卑劣的手法不断扩大租界范围，设立几十家洋行，还开设了报社、医院、学校、轮船公司等，使租界由城外野郊逐步完成了城市化，发展成为贸易港口城市上海的新型市区。

新形成的这一单核型的城市结构一直发展到20世纪上半叶，没有大的变化。

1.2 第二阶段：向多核大都会的转变

1945年抗日战争胜利后，上海的人口已经达到500多万人，由于政治、经济和地理位置的重要性，当时的上海市政府在1946年设立了技术顾问委员会，着手研究上海的城市规划问题。此后又成立了都市设计小组和上海市计划委员会。这次规划研究共提出三稿“大上海都市计划总图”，规划中充分运用了“卫星城镇”“邻里单位”“有机疏散”“快速干道”等当时最新的城市规划理论，比较详细地分析了人口问题、交通问题、环境问题以及一些城市社会问题。特别是在第三稿中，基于对一个1 500万人口的超大城市的研究和预测，提出了一个不同于欧美式“远离母城的卫星城”的解决方案。

上海解放后的几次城市总体规划虽曾一度受到苏联规划思想的影响，但更大程度上是承袭“大上海都市计划总图”的理念。从20世纪50年代初到80年代末的40年间，由于政治、社会以及经济等诸多因素的影响，上海的城市结构一直是“单核心外延”的发展模式，未能实现大的跨越。

80年代末，浦东开发开放的提出为上海城市结构的发展提供了一次绝好的机会。90年代浦东开发和上海社会、经济的高速发展，也为上海新的城市形态与结构的形成奠定了坚实的基础。于是，在1990年和1995年的两次“上海市城市总体规划”中，上海市政府不失时机地提出了上海在城市布局结构上，将逐步向多轴、多核、多层次、多方向发展的思想；同时提出了上海城市管理方面实施“两级政府、三级管理”的模式，与城市结构的发展变化相适应。

经过90年代的10年高速发展，一个多核大都会的雏形已经在上海外环线以内地区形成。而在这尚未发展成熟的“躯体”上，新的“胎动”又开始出现。

2 浦东国际机场对上海城市结构的影响

上海市1995年的城市总体规划中已经明确了浦东国际机场的存在，但对浦东国际机场的运营与发展将给上海市的城市结构和交通发展带来什么样的影响并没有予以充分阐述，在规划上

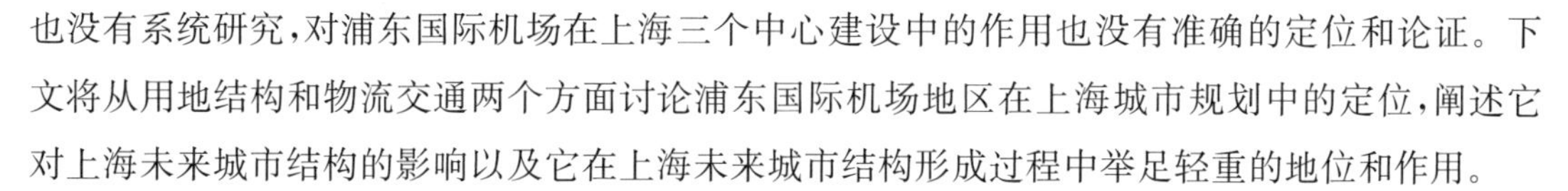

也没有系统研究，对浦东国际机场在上海三个中心建设中的作用也没有准确的定位和论证。下文将从用地结构和物流交通两个方面讨论浦东国际机场地区在上海城市规划中的定位，阐述它对上海未来城市结构的影响以及它在上海未来城市结构形成过程中举足轻重的地位和作用。

2.1 用地结构规划中的浦东国际机场

按照上海市城市总体规划，近期上海还将“调整和完善中心城，重点开发浦东新区；加强和发展市郊城镇，重点建设杭州湾北岸；逐步建设崇明岛”。① 上海在城市布局结构上，将逐步向多轴、多核、多层次、多方向发展。

近期上海城市用地结构的发展将首先形成明确的南北轴和东西轴。南北轴由中心城沿黄浦江向北延伸到宝钢、崇明岛，向南沿黄浦江经莘庄、南桥向杭州湾北岸和沪杭线延伸，这一发展轴已经形成雏形，在1995年版《上海市城市总体规划》中亦已明确。东西轴由中心城沿沪青平公路向西延伸和由中心城(浦东新区陆家嘴、花木分区)沿龙东路、迎宾大道向东延伸至浦东国际机场(图1)。这两大城市发展轴是与国家的长江发展轴和沿海发展轴规划一致的，也是长江三角洲城市带的重要组成部分。因此，上海的这两条城市发展轴实际上已超出了市域，是整个长江三角洲和国家城市发展战略中的一个重要组成部分。

东西发展轴的东边部分的发展与浦东国际机场的发展直接相关。几乎可以说，如果没有浦东国际机场，东西轴的东部可能就不存在。而定位为亚太地区国际枢纽机场之一和中国重要门户机场的浦东国际机场的迅速建成和通航，使东西轴的东部迅速形成，并得到长足发展。

现代大型机场的建设总是带来相邻地区，特别是机场与母城之间城区，沿高速道路和轨道交通迅速地城市化，并带来这一地区内产业的发展和积聚②，从而形成城市发展轴。从近年来的国外实例来看，这一发展轴上的城市化地区，无论是产业设施、文化设施还是环境设施都有向高层次、高密度、高附加值化发展的倾向。也就是说，过去被规划所忽视了的东西轴的东部，在浦东国际机场通航后不长的时间内就有极大的发展，且必然在不长的时期内形成一条高层次、高密度、高附加值化的城市轴。

浦东国际机场的建设不仅仅为该地区提供了两条高质量的城市高速道路，而且还将为该地区提供两条快捷方便的轨道交通。机场建设已经带来了这一地区市政基础设施(水、电、气、通信、绿化等)的充实和可靠性的提高。现在这一地区内的产业已经开始集聚，该地区原有的产业

---

① 引自1995年版《上海市城市总体规划》。

② 关于空港关联地区“产业的发展和积聚”可参见刘武君主编的《21世纪航空城——浦东国际机场地区综合开发研究》第6章，航空城物流与产业设施开发研究，上海科学技术出版社1999年7月出版。

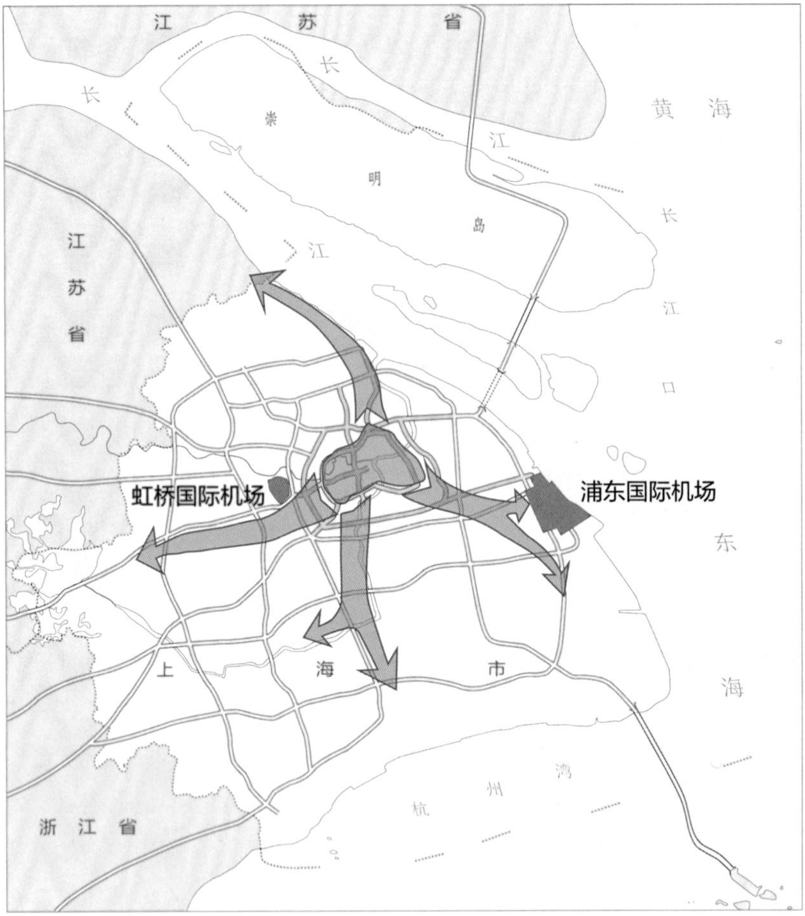

> 图 1 上海东西-南北发展轴示意图

和社会结构也已经开始更新。

浦东国际机场及其周围地区在上海市的这两条发展轴上是举足轻重的，在新的上海城市结构中，在长江三角洲的发展轴上、国家的发展战略上也是举足轻重的。

2.2 物流、交通规划中的浦东国际机场

浦东国际机场位于市区交通网的东端，作为一个大规模集散设施，在其服务范围的规划上有不利的一面。但从上海的城市发展东西轴与滨海开发带的结合部这一点上看，浦东国际机场地区在交通系统中的地位又是极为重要的。

从大城市核心物流设施的选址规律来看，作为航空物流中心所在地，浦东国际机场地区在上海市物流系统中是一个极为重要的节点(图 2)。航空物流中心的规模和容量也许不能与大规模港口和公路、铁路物流中心相比，但在物品的价值当量上、在满足运输的快捷性要求等方面是独具特色、极富影响力并引人注目的。

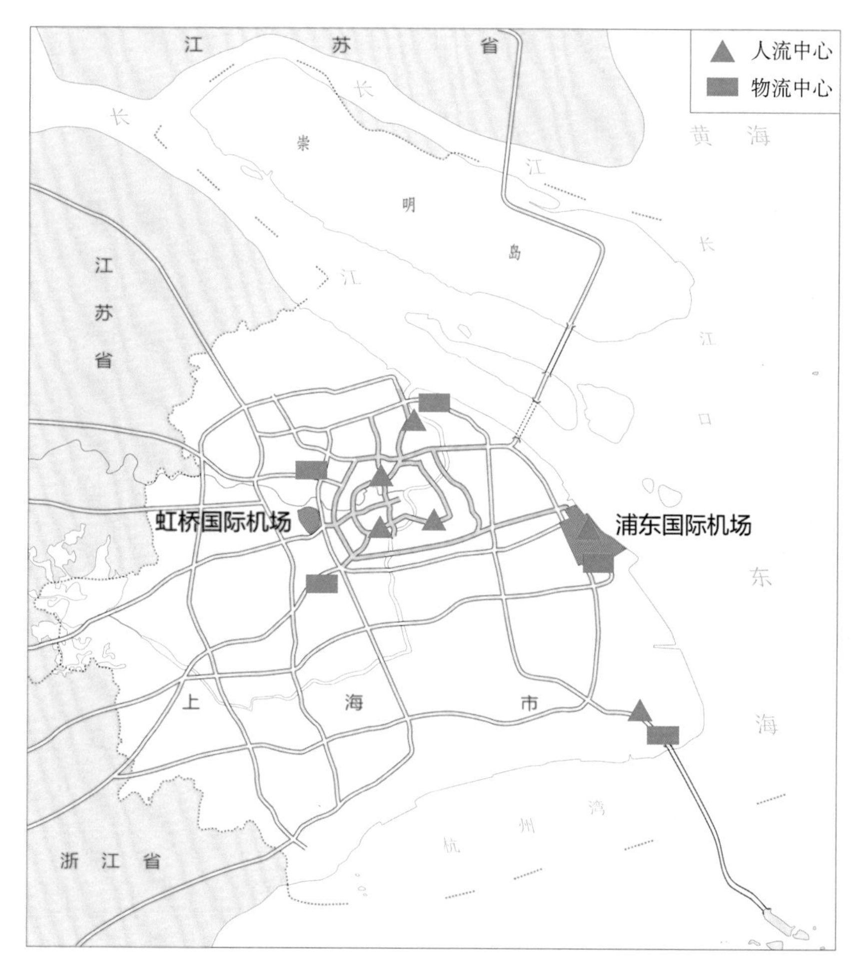

> **图 2** 上海重大“人流中心”“物流中心”规划示意图

上海的道路系统规划中，浦东国际机场是物流占比较大的东部滨海地带的重大核心设施之一，借助于远东大道、迎宾大道、龙东路可与城市外环线、郊外环线和内环线有方便的联系，可以最大限度地保证航空物流快捷的优势。

在铁路建设方面，上海市有必要建立一个联系市域内外的完善的铁路运输系统。在黄浦江以西应利用现有铁路形成一个与城市发展轴相结合的干线系统，并通过完成铁路的几处越江工程与浦东的新铁路系统结合成为一个双环系统。浦东的铁路选线应对 1995 年规划做一些修改，使其与滨海开发地带的发展要求相协调。图 3 为对上海铁路规划的设想。另外，在铁路的利用上要将上海市域内的铁路逐步改造成为客货并重的体系，并向以客运为主的方向发展。

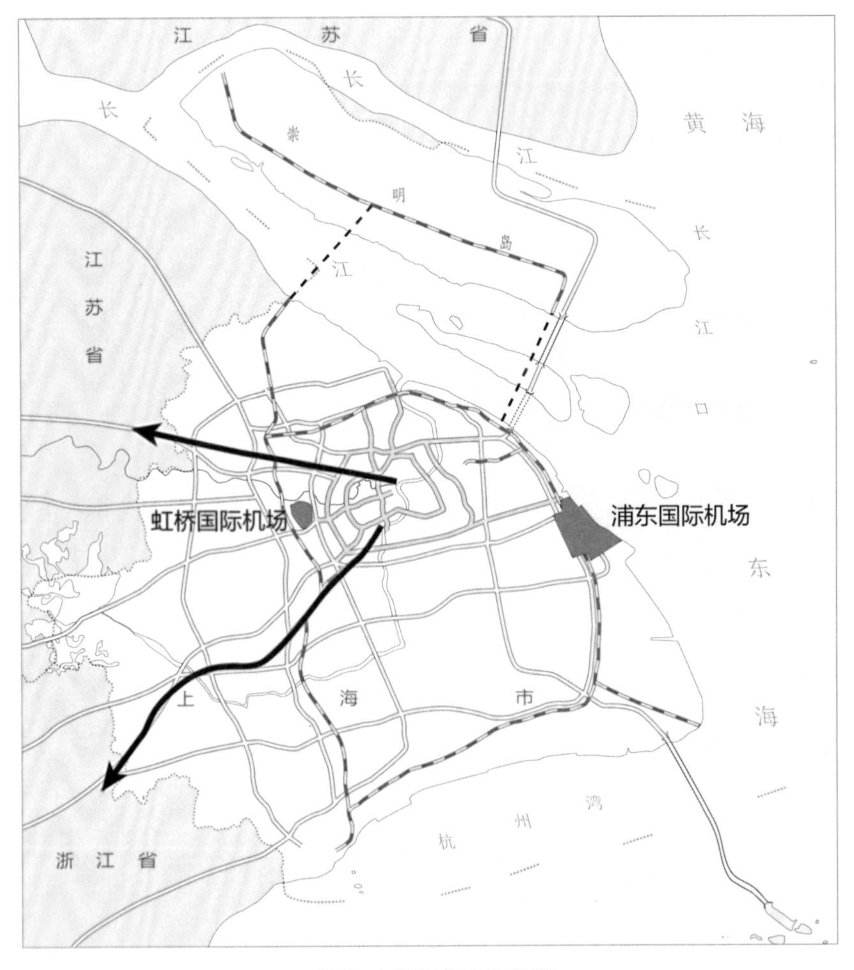

> 图 3 上海铁路规划示意图

3 “南上海”对上海城市结构的影响

80年代中叶，吴良镛教授针对上海的发展方向问题，提出了上海城市用地向南发展，与现金山区连接形成新的上海市区，即“南上海”的概念①。虽然90年代初浦东新区的开发开放使人们淡忘了这一概念，但是，南上海地区仍然像先生当年所指出的那样，在过去的十几年中取得了长足的发展。并且，这种发展的趋势现在依然强劲，预计在未来的10～20年中还会有进一步的演进。

在未来的几十年中化工仍然是上海的支柱产业，在“十五”期间上海还将在金山投资建设新的化工产业城。而规划建设的洋山深水港对城市结构影响更大。空港、海港、金山的建设和发展，将重筑南上海的城市结构。

本文中“南上海”泛指城市外环线(南线)、迎宾大道以南的广大地区。

3.1 洋山深水港将加速南上海城市结构的再筑

从国家发展战略和上海长远发展的整体要求来看，洋山深水港的建设都是必须的。

根据洋山港区总体规划，港区可形成深水岸线18 km以上，布置第五代、第六代集装箱船泊位50多个，不仅能满足2020年上海港集装箱吞吐量的需求，也可为今后的发展留下充分的余地。洋山港区一期工程年设计吞吐能力为220万TEU，建设5个集装箱船泊位，码头岸线长1 600 m，码头前沿水深15 m，可停靠第五代、第六代集装箱船，港区陆域面积约90 hm^2。同时还建造一座全长约30 km的芦洋大桥，以连接芦潮港和小洋山。芦潮港地区将形成一座人口达20万人左右的“海港新城”。

建成后的洋山深水港将成为上海作为经济中心的重要支撑，它对上海城市经济的影响将不会局限于某一产业领域，它的影响将是全面的。洋山深水港对南上海城市结构的影响也将是极为重大的。过去的南上海是上海的农村，作为本地区中心的几个城镇只是与上海城市生活关系不大的“卫星城”。而洋山港的建设将会使这一地区成为上海社会经济生活紧密相连的一部分。由于洋山港的建设，芦潮港往北到浦东新区和芦潮港往西去闵行区的通道将成为上海的大动脉。由浦东新区、航空城、惠南、海港新城、星火、金山、奉城、南桥、闵行等所形成的城镇环和连接它们的高速道路、高速轨道交通，以及高质量的基础设施系统将使南上海地区的社会、经济生活发生根本性的变化，传统的城镇甚至村镇都将发生重组，几乎所有的城镇都将被串联到这个环上并进入“带状发展”。

这种带状发展不仅将重筑南上海的城市结构，也必将带来上海总体结构的变化。

---

① 1985年5月7日吴良镛先生在上海市城市总体规划专家座谈会上的发言。

3.2　上海滨海地带的开发

在过去的《上海市城市总体规划》中，虽然提到了一些拟在上海东、南部沿海建设几个工业和市政基础设施的设想，但至今还没有把"滨海地区"作为一个新的城市规划对象，没有系统地研究这一地区的开发问题。而已经建成的浦东国际机场正好位于上海的东西城市发展轴和滨海地区的交叉点上。

首先使用这么一个规划概念："上海滨海开发带"。它是指从外高桥开始向南，经五号沟、浦东国际机场、芦潮港，到金山石化总厂的沿海地带(图4)。这一地带主要集中开发或计划开发上海市的港口、机场、电厂、污水处理厂等城市基础设施，石油化工等工业设施和一些旅游、休养设施，并将开发一些郊外居住区等。

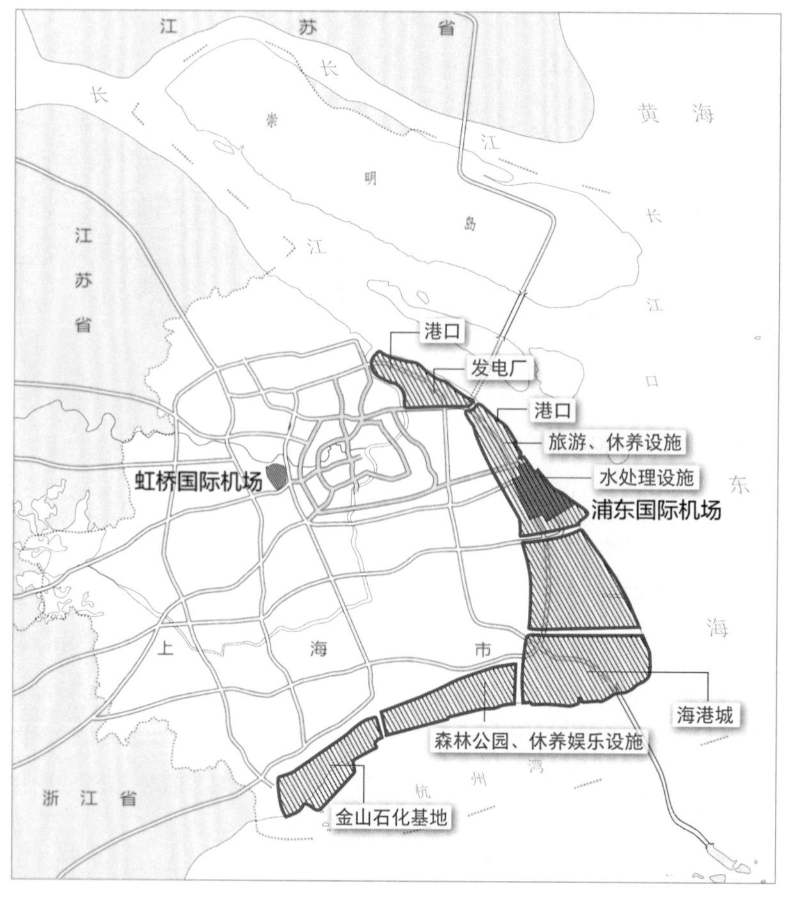

> **图4**　"上海滨海开发带"示意图

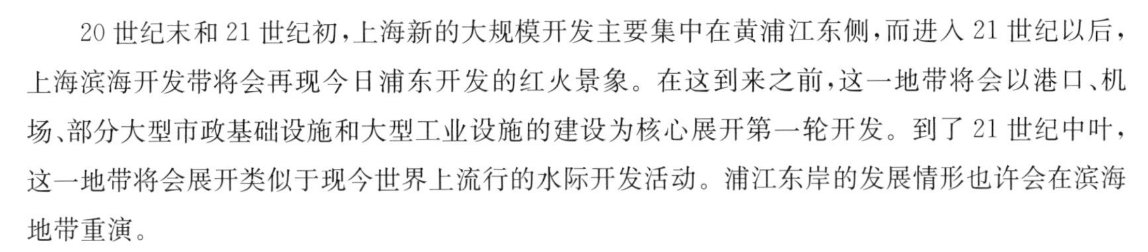

20 世纪末和 21 世纪初，上海新的大规模开发主要集中在黄浦江东侧，而进入 21 世纪以后，上海滨海开发带将会再现今日浦东开发的红火景象。在这到来之前，这一地带将会以港口、机场、部分大型市政基础设施和大型工业设施的建设为核心展开第一轮开发。到了 21 世纪中叶，这一地带将会展开类似于现今世界上流行的水际开发活动。浦江东岸的发展情形也许会在滨海地带重演。

3.3 高速交通、互联网提供全新的时空观

城市交通与城市发展的相互联动主要表现在“人流”“物流”“信息流”等方面。物流最常用的是时速为 100 km 的高速公路，而上海即将开始建设的磁浮交通已将人流的时速提升到了 500 km，信息则是以光速传输的。

互联网在未来的几十年中，将会对人类的生活带来巨大的影响，甚至彻底改变人们的生活。互联网首先带给我们的是全球化的空间、24 小时全天候的活动和信息传递的光速化，亦即一种全新的时空观，在有限现实空间以外又有了一个无限的虚拟空间。虚拟空间不仅缩短了现实空间的距离，而且使许多物质要素的流动被数据的传输所取代，交通上的不利位置可以从信息化的建设中得到弥补，许多过去被“遗忘”的地区又可遇到新的发展机会。

在这个时代里，时间变短、空间变大，距离变小、空间变软，社区变虚、网络变实，机会均等、双向互动、差异变小，这种全新的时空概念对新的城市结构——巨型结构的形成和发展是非常有益的。

“十五”期间上海高速公路、磁浮交通及其他轨道交通、信息港的建设等，都将进一步加速，这将有利于巨型结构的形成。

4 巨型结构的形成及其规划论

经过“八五”“九五”期间的建设，上海城市规划中的“多轴、多核、多层次、多方向发展”的城市结构之雏形已现，再加上“十五”期间的进一步努力，相信一个完全不同于过去几百年的新型城市结构会基本形成。然而，在过去十多年的城市变革中，一些早先预测不足和预料之外的城市现象呈现出来。上述浦东国际机场所带来的变化和南上海即将发生的变化之中，就有过去的认识所不及的地方。通过研究和分析，我们对未来上海大都会的形成和规划有了如下认识。

4.1 巨型结构的形成

作为东方大都会，上海的未来城市结构将会发展成为这样一个“巨型结构”：一方面（在城市内部），是一个以内环线为中心，以外环线为边界的母城，套上一个沿海、沿江城镇群组成的城市

环,环中是一块与母城面积相近的、巨大的中心绿地(以下称“绿心”)①,如同一对伴星(图 5)。另一方面(向西侧江浙地区),是一个以内环线为中心,以外环线为边界的母城,加上向外扩张形成的五个大小不一的发展轴,其间嵌有形状不一的楔形绿地(以下称“绿楔”),形似人的手掌(图 6)。

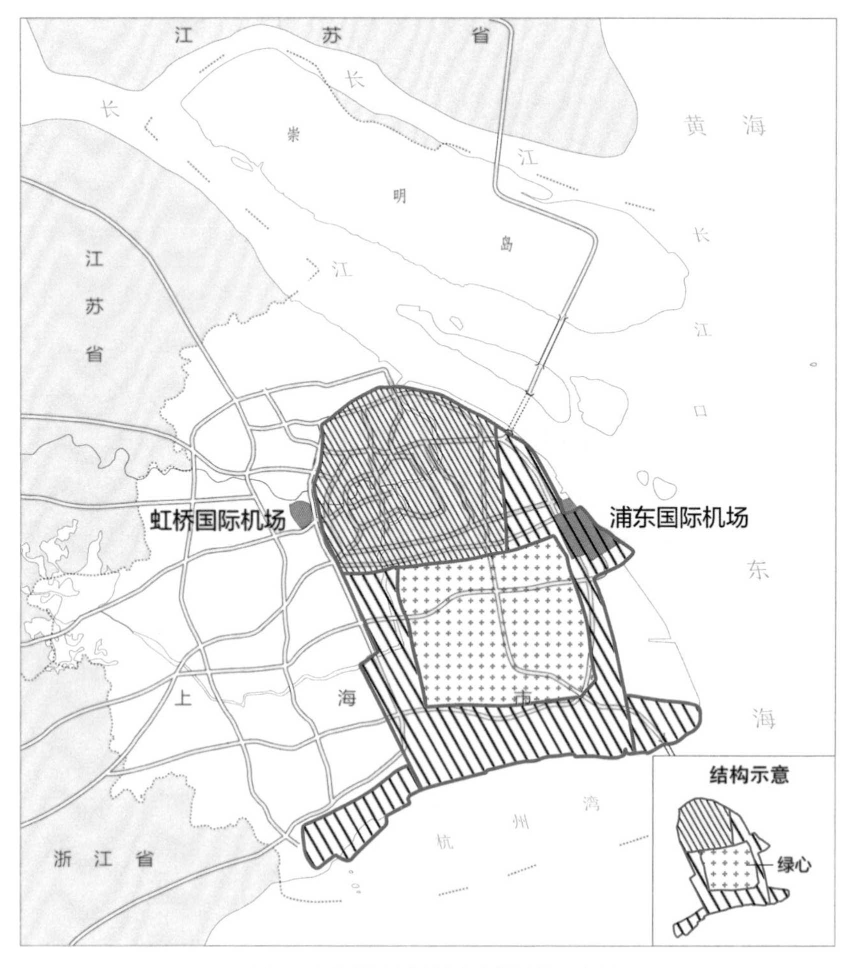

> 图 5 上海“伴星式”城市内部结构示意图

① 当时正在报送国家标准局审批的新的中华人民共和国国家标准《城市用地分类与规划建设用地标准》(建设部主编)对城市绿地的定义和分类进行了修订。本文中的“绿心”和“绿楔”都被定义为对改善城市生态环境和市民游憩条件,对城乡结合部的发展控制与综合整治具有重大作用的绿地。在我国城市用地总量控制的条件下,它们可有效地缓解城市生态环境的压力,但不计入城市用地平衡及城市绿地指标。

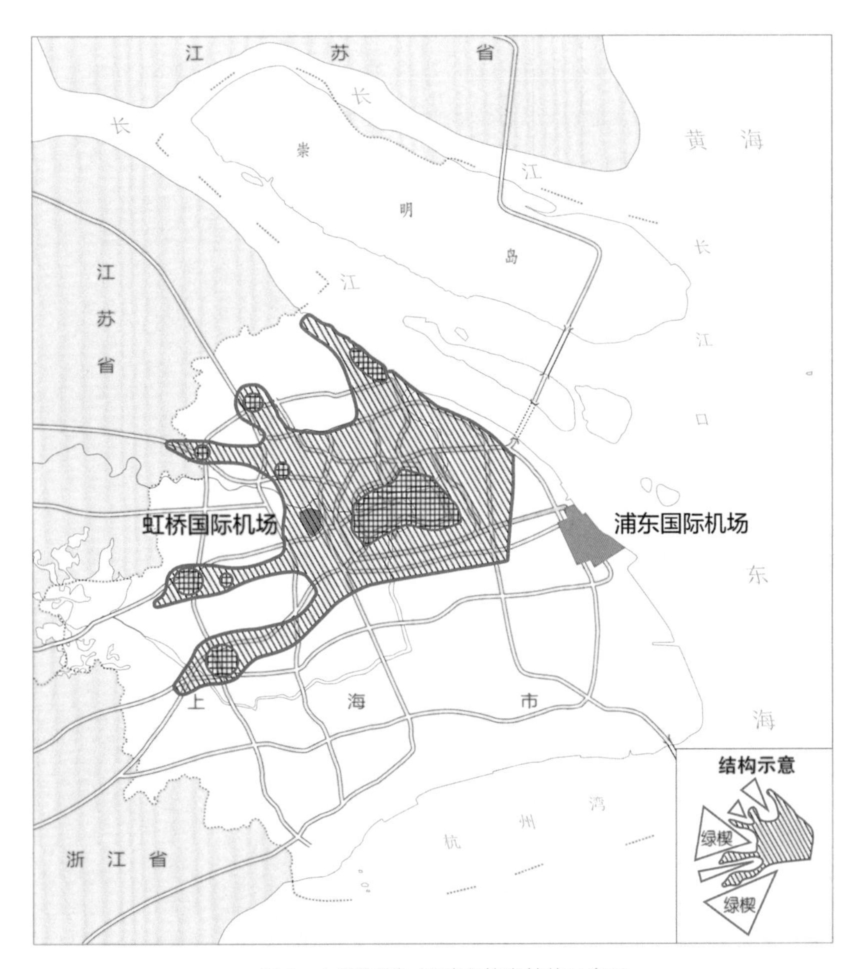

> **图 6** 上海“手掌式”城市扩张结构示意图

如此巨型结构是通过一系列不同的“核”，采用多种构造方式所形成的。在母城地区现已形成了“市中心—副中心—地区中心”这样不同等级的中心。而在母城以外地区的城镇，现在还基本处于地区中心的阶段，要使它们发展成为巨型结构中的“核”，还需要进行交通、信息、居住、环境、市政基础设施和知名度等方面的建设。

巨型结构中的“核”是指以轨道交通或高速道路的重要节点为中心的、有个性的、形式多样的地区中心。这些“核”同时具备高层次、综合性的城市功能和所在地区之独有的历史、环境特征。这些“核”与“核”之间已不再是过去的那些串联式、并联式或者树枝式结构，取而代之的是“核的网络化”(图 7)。在这种网络化的结构中,不再有过去那种“中心—副中心—副副中心……”的等级概念,一个较小的或者是不位于母城的“核”,完全可以利用网络而在某一方面成为全市性的中心。这一结构的最大特征之一就是消灭差异、消灭等级。

“核的网络化”是以高速交通的网络化和通信信息的网络化为前提的。

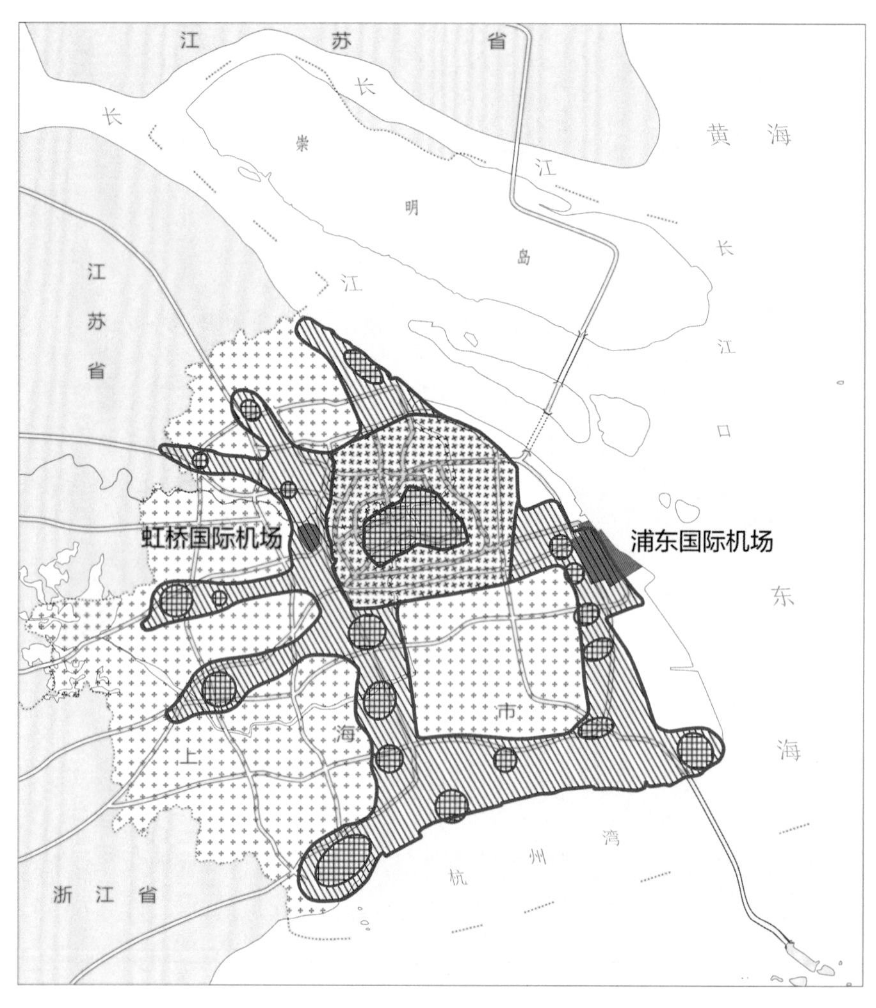

> **图 7** 核的网络化

4.2 巨型结构的规划

上述“巨型结构”的成立在规划上首先必须保证“绿心”与 “绿楔”的成立,这是巨型结构成立的前提。因此，为了控制绿心和绿楔地区的城镇和聚落的发展，总体规划中就应该取消这些地区内的一切市政设施，特别是高等级道路的建设，严格控制非农业项目的出现；并将这些地区划为永久农业用地，同时有计划地引导该地区已有的城镇功能向城市用地地区转移(图 7)。在绿心、绿楔地区应该只维持现有的农用道路，并严格控制村落的发展，在条件允许时把村落迁移出去，以保护完整的生态环境。

另外，高速公路、高速轨道交通和高速信息交换设施的建成也是巨型结构成立的必要条件。有效的交通系统如同巨型结构的“骨骼”，支撑起这样一个城市；而高效的通信信息系统就是城市的“神经系统”。所以，在这样的巨型结构中必须加强“环”上、“轴”上的快速道路、高速公路、高速轨道交通、高速信息交换设施，以及其他配套市政设施的建设，使这些地区早日成为较母城更有吸引力的工作、居住场所。

有一点需要说明：巨型结构允许城市用地沿主要交通线路发展，而否定等级制的城镇体系概念。事实上，传统城镇体系的规划思想在大都会地区从来就没有实现过。“沿着道路发展”或者说“用道路(轨道)把城镇串起来”一直就是现实。过去很理想地把母城与卫星城之间、城镇与城镇之间用绿地隔离开来，而现实中这些城镇用地在大都会地区总是很快就连了起来，理想从来就没有变成过事实。面对现实，没有必要还抱着所谓“多层次城镇体系”观念不放，而应当积极地研究新问题、创建新思想，使城市总体规划更加符合发展规律、更加实事求是。因此，在这个意义上巨型结构是“多轴”“多核”的，但不是“多层次”的，而是“网络化”的。

巨型结构将是一个最大限度地缩小城乡差别、农工差别的城市结构，一个没有市内、郊外差别的大都会结构。因此，传统的“市内”与“郊外”的概念将不复存在，上海市域将完整地属于上海，“郊县”的概念当然亦不复存在。由此，大城市高度集中所带来的一系列城市问题，就有望彻底解决。从这一点出发，21 世纪上海城市规划的工作重心应该是在外环线以外的广大地区。必须认真研究好这一地区的城市化问题，从规划上探索出一条大都会地区城市发展的道路来。而到目前为止，这方面的工作还做得很不够，有些方面甚至还没有起步。我们相信，在研究外环线以外地区问题的过程中，也许还会找到外环线以内城市问题的解决办法。

4.3 巨型结构的功能与结构

“城市功能”“城市结构”这两个概念在城市规划上还没有统一的定义。但一般情况下把城市功能定义为：城市在社会、经济中所起的作用，把城市结构定义为：城市各要素在空间上的分布。因此，从规划上来说上海的城市功能就应该是“一个龙头、三个中心”；而上海的城市结构就是“人口分布、就业分布、土地利用、交通系统等”。

城市结构必须不断地满足变化了的城市功能的要求。21 世纪，上海要建设成为国际经济、金融和贸易中心，“三港两路”的建设是我们必须完成的。从现存的城市功能到三个中心的形成，上海将实现的是城市功能的高层次化、高速度化、信息化、一体化和国际化。而伴随这“五化”的必将是经济规模和城市规模的扩大。“巨型结构”就是能够很好地满足上海这一城市功能变化、保证城市可持续发展的城市结构，将为上海成长为国际性的经济、金融、贸易中心提供一个可持续发展的巨大舞台。

5 结语

“巨型结构”是一个覆盖了全市域的柔性结构，它的最大特点是“核”的网络化和地域的无差别化，其规划要点是巨大的绿心和绿楔的保护，以及高速交通系统、通信系统的建设。这是一种可以满足 21 世纪上海城市功能的规划思想。

在母城结构还没有完善的今天，就提出未来上海城市结构的规划问题，是否太早？一个有前瞻性的、长时期安定的城市结构规划是城市管理和法规，以及城市建设平稳、有序发展的前提。因此，做城市规划的人就应该力争站得高一点、看得远一些。所以，有必要冷静地分析一下过去，预测一下未来。

上海从单核城市向多核城市发展花了几百年的时间，而它由多核城市向新的城市结构转化将会快得多。我们必须抓紧时间开展对上海“巨型结构”的研究。

（本文发表于《上海城市发展》2000 年第 6 期和 2001 年第 2 期）

开启双枢纽驱动的城市发展新时代

——海口城市空间结构策划

我非常喜欢海南的热带生活，过去十年里，我经常到那里去，对海南的阳光、沙滩、大海和一望无际的椰树林，是非常向往的。但是，十年过去了，现在我们心动的“海南印象”已经发生了巨大的变化。机动车发展给海南的交通带来了很大的压力，特别是在节假日，岛内的高速公路、市里的道路，甚至有一些旅游休闲的景区，都出现了非常拥堵的情况。不同于一些大陆城市的是，这其中的许多交通量不是由本地车辆产生的，海南的机动车拥有量还没有达到那么多的程度。最大的外来冲击量是通过海口的汽车轮渡从大陆来的车辆带来的。特别是在春节等重大节假日的时候压力最大。看到这么拥堵的海南（图 1），不禁会令人想起以前海南那交通顺畅的情景，“海岛的吸引力正在下降”！

> **图 1**　海口的交通拥挤状况

那么，我们不得不思考，这样的交通发展模式是否出了问题？海南是一个海洋生态资源禀赋极好的生态岛，这是其得天独厚之处，岛上的游客接纳容量还有很大裕量，但是交通这么发展下去肯定会有很大的问题，必须要转变交通发展的模式。只有发展生态友好型的公共交通才是可持续的。

我们现在处于一个很好的时代，新技术和新的商业模式蓬勃发展，比如新生的共享电动汽车就是一件非常值得海南关注的事情。我们处在互联网的关键时期，可以思考一些适合海南的、新的发展模式。我在做海口交通课题的时候发现，海南省政府、海口市政府是很有远见的，在大多数大陆城市还不知道高铁是怎么回事的时候，海南已经做成了环岛高铁，为海南走公共交通优先的交通发展之路奠定了坚实的基础。现在海南又加快了民航机场的规划建设，发展了三大机场，这使我们在交通管控方面占据了一些有利条件。

与其他一般大陆城市比较起来，海南更有优势、更便捷的地方就在于它是一座岛。一旦完成了机场和港口这些基础设施的建设，海南的对外交通就比较可控，就容易管控风险。现在，海南已经有了环岛高铁、环岛高速，为岛上城市与城市之间提供了非常好的公共交通优先的条件。如果继续按照这样的思路发展下去，接下来需要在每座机场、每座高铁站、每座城市规划建设好各自的公共交通网络，这并不是一件轻松的事情。大陆来的旅客、游客多数人并不希望自己开车来。最近，上海出现一项特殊服务，你出 3 000 块钱，有人负责把你的私家车运到海南，你自己可以坐飞机过来。这说明实际上很多人在海南的交通方式是选择自己开车，说明海南的公共交通还不成熟、不方便。

海南岛进出岛的方式，无外乎一个“海”、一个“天”。通过对进出岛交通的管控，可能我们会找到新的发展思路。看看海口的总体规划图，如果把东西两个综合交通枢纽做好(图 2)，公共交通优先做到位，就可能会闯出一条不同于大陆城市的交通发展道路。具体怎么做呢？我的建议是：海口要“开启双港驱动的城市发展新时代”。

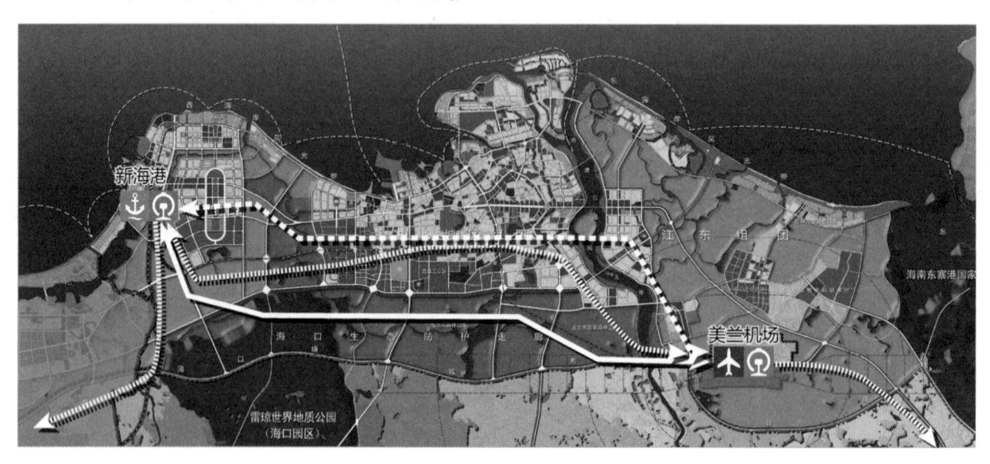

> **图 2** 海口的双枢纽示意

现在，海口市在东侧已经有了美兰机场，并与环岛高铁的车站实现了对接，规划还有城市轨道交通进入。虽然位于美兰机场的“空铁枢纽”具体方案上还有很多可以优化的地方，但基础设施基本上是很好的。现在，空铁枢纽正在热火朝天地建设中。

我们再把目光转向新海港区这边。按照海口市的城市规划，这个地区规划了一条地铁线，也规划了一个港口。从大陆过来的各种机动车辆和铁路交通，以后都会逐步转到这个新海港区。我建议在这里规划建设一个海运与环岛高铁、高速公路，以及城市各种交通方式对接的综合交通枢纽，使海口形成西边的“海铁枢纽”与东边的“空铁枢纽”相呼应的双门户枢纽格局。进出岛的客流可以利用环岛高铁直接转移到岛内其他城市，环岛高铁同时又是两个枢纽之间快速连接的非常重要的交通方式，使两个枢纽可以实现组合运行。

除了机场，岛内的客人还有一大批是从海上来的。需要让海上来的客人在码头上就有铁路对接，以及各种交通方式选择，特别是这些客人能够与海口的城市交通和旅游交通对接。一定要实现高效、舒适的对接，让人家走得方便、留得舒服，而不是只把交通污染留下人却没有留下。这就要求在新海港区这个地方建设一个以公共客运为主的海铁高效对接，海运与高速公路、城市道路、轨道交通等各种岛内交通系统高效对接的综合交通枢纽，同时提供舒适的、有海南特色的吃、住设施及商务设施、产业设施。只有这样，才能让这些从海上来的客人在海口能够“走得便捷、留得舒适、工作高效”。

要达到这样的目标，前提是公共交通的高效对接。实际上环岛高铁通车以后，每个车站都需要规划建设成这样的综合交通枢纽，这个枢纽是公共交通优先的，这就要求转变过去的发展模式。事实上，私家车的发展对自然环境、城市交通的恶劣影响都是不可逆的。要真正摆脱这种发展模式，最重要的办法就是发展公共交通优先，但做得好的地方并不多。

有了空铁枢纽和海铁枢纽以后，实际上可以带动新海港区甚至整个长流组团的发展。枢纽地区本身商务活动的发展，也是城市转型发展的机遇，枢纽地区会成为长流组团的CBD。因此整个周围地区的规划，甚至城市总体规划都应该港城一体，把城市和港口结合起来。例如新加坡，它是以两港立国的，海、空两个枢纽都做得很好，空港和海港是新加坡城市经济的支柱，也是现代服务业功能设施的集聚地。某种程度上可以说新加坡就是港口经济的典范，其空港、海港都是世界一流的。的确，空港、海港良好的基础设施是非常重要的，让人们愿意来、走得快、留得舒服，工作高效，这才是我们的追求，而不仅仅是快速通过，更不是拥挤和混乱。所以在海口的双港地区不仅要把海铁、空铁之间对接好，还要把其他交通方式都对接好，更要把枢纽经济发展起来，让所有人都能便捷换乘、舒服停留、高效工作。

海口两大枢纽的功能定位，应该放在更高的位置来研究。第一，双港是海上丝绸之路经济带的“桥头堡”，是国家战略的支点之一。第二，双港将是琼州海峡经济带的“新引擎”，整个经济带的发展规划现在已经进展得很好，它是这个经济带上很重要的支点，同时是祖国在南海的重要枢纽。第三，对于海南岛内来说，双港是海南国际旅游岛的“新门户”，进出岛就是通过天上和海上，把这两个枢纽控制好了，对交通管控就非常有利。第四，对海口市来说，双港就是海口市（海澄文）的“迎客厅”，所有人都从这里进出，要让它能够带动经济发展和城市发展、城市更新。第五，双港还将是长流组团和江东组团的“中央商务区”。双港也会拉动其所在城市组团的产业集聚，形成这两个组团的现代产业集聚地。交通集聚的地方首先会带来商业、服务业的集聚，这对城市组团的发展也是很重要的牵引力。

另外，枢纽本身也会带动城市产业的巨大发展，而且在这里集聚的不是传统的制造业，而是以商业服务业为主体的商务产业设施。比如荷兰阿姆斯特丹机场就是航空城（Aircity）发展比较典型的例子，其空港后面是完整的商务区，商务区与航站楼完全融为一体，商务区的办公楼里有航站楼的功能，航站楼里有大量商务功能。航空城可以带动四大产业链的发展，形成四大产业园区：一是以航站楼为源头，汇集客流、信息流、资金流，以现代服务业为主，配合高端制造业，形成商务设施集聚的商务园区；二是以货运站为龙头，在其附近的关联地区形成物流与产业设施集聚的物流产业园区；三是以飞机维护与保障为龙头，相关维护维修、机上用品保障、制造和服务设施交汇集聚形成的航空产业园区；四是为民航产业链上的人口服务的生活设施集聚区。

中国的高速铁路建设方兴未艾，新的高铁车站的建设与过去不一样，它也可以带动很大一片地区的经济发展，成为城市发展的牵引力之一，很多铁路枢纽地区就是该城市最大的商务设施集聚地。上海正在建设的虹桥商务区，面积只有 1.67 km^2，但建设规模达到了 250 万 m^2，集聚了大量的企业总部，其未来创造的地区生产总值将是非常大的。瑞士首都伯尔尼的市中心就是一座铁路城（Railcity）。

港口也一样，深圳太子港的规划就是成为一座港口城（Portcity），它是一个港口带动城市经济发展的典型案例。

总之，枢纽能够带动周围地区的产业集聚，汇集的都是现代服务业和一些新兴产业，这些产业对海南、海口的城市定位和生态城市的建设都是不矛盾的，都是符合我们的目标的。而且，双港在海口城市的东西两端建成运行的时候，还会给城市空间的更新带来巨大的拉动作用，对城市结构的重筑也会产生很大的影响（图 3）。东西两边的空铁枢纽和海铁枢纽以及它们的配套产业设施就像两个轮子一样，它们的高速运转必将带动海口经济的加速发展。这也是符合城市发展规律的，因为城市最早都是在通行便捷的交通枢纽、交通节点的地方发展起来的。所以回归城市的本质就会拉动海口城市的发展，促进海口城市空间结构的重新组织。基于此，通过这两个枢纽，还可以实现与南海区域、南亚、世界其他地区的对接。

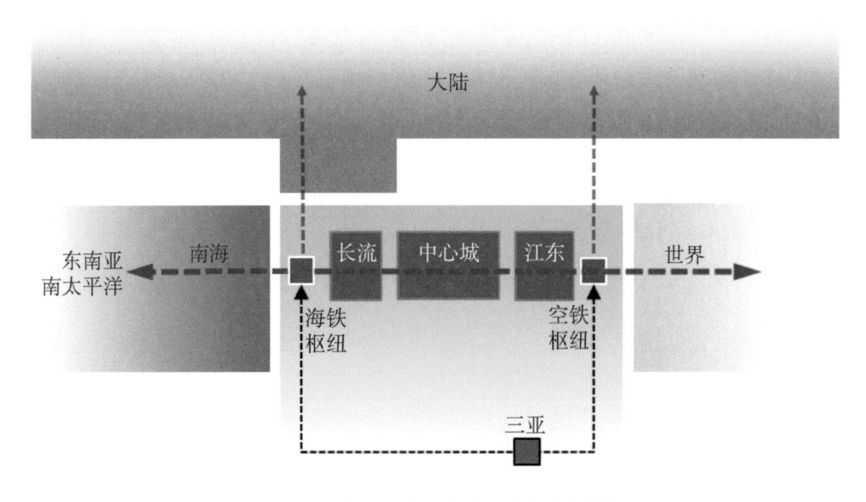

> **图 3**　双枢纽视角下的海口城市空间结构

我提出几条具体建议，第一，海南必须积极发展公共交通，逐渐减少燃油机动车总量；第二，海南应积极探索共享电动汽车，率先实现全域电动汽车通行；第三，海口应加快双港建设，促进海口公交优先基础设施体系的尽快形成；第四，以双港为龙头，牵引海口城市产业、经济的持续发展；第五，以双港建设为契机，全面启动海口的城市空间再筑。

总之一句话："海口应尽快开启双港驱动的城市发展新时代！"

（本文发表于《海口日报》2017 年 12 月 31 日版）

济宁市“空铁新城”发展规划研究

山东济宁新机场定位为4E级民用中型机场、国际定期航班机场，它将成为儒家文化、鲁西南经济深化外向型发展的“空中桥梁”，对办好世界儒学大会、尼山世界文明论坛等国际节会，更好贯彻落实国家“一带一路”倡议具有强大的推动作用。

为了充分把握机场带来的发展机遇，发挥济宁临空经济对鲁西南及周边区域经济的拉动作用，为济宁市特别是兖州区的产业转型升级和城市发展拓展新的空间，并以山东省新旧动能转化为主要基调，结合城市长远发展的总体要求，逐步完善临空港的城市功能，兖州区政府牵头，我们开展了“济宁市临空产业发展策划”和“济宁市临空经济区分区规划”。

济宁临空经济示范区位于兖州区北部，紧邻济宁新机场，规划面积约20 km^2，规划范围东至104省道，南至兖州工业园区北区，西至规划建设中的济微高速公路，北至机场红线(图1)。

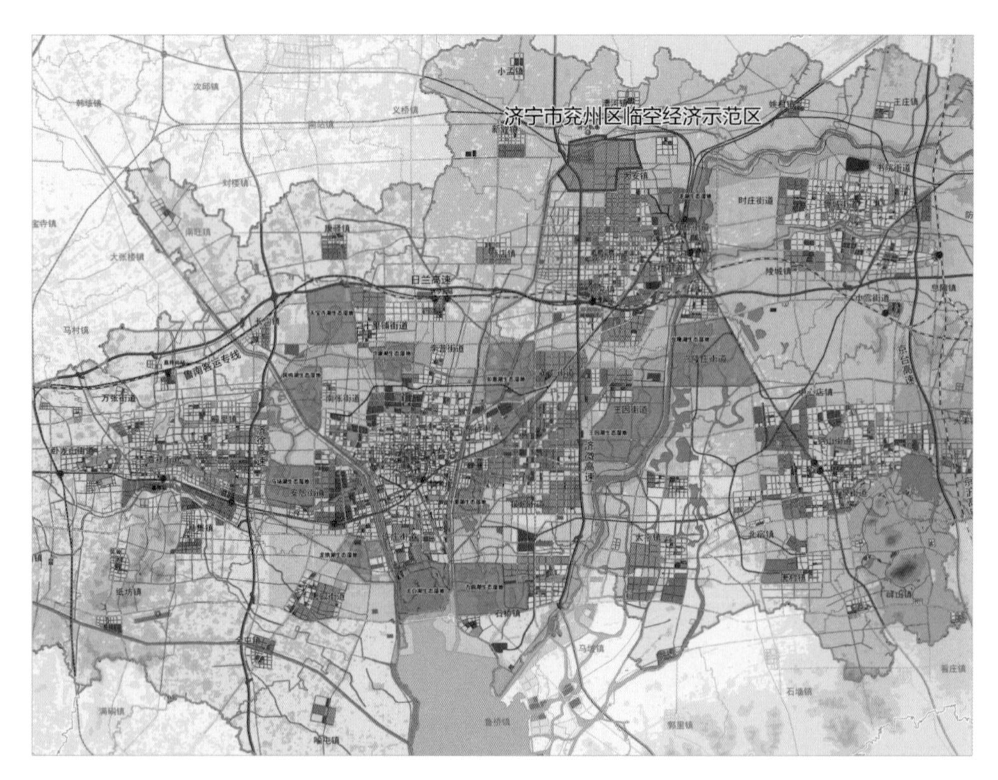

> **图1** 济宁临空经济示范区位置示意图

1 产业策划

济宁临空经济区将打造山东省新旧动能转换的创业之地、淮海经济圈的商旅物流集散中心、济宁城市转型发展的全新平台。为此，临空经济区确立了四大功能定位：

（1）济宁城市的新中心——形成空港、陆港、产业、商务配套聚集区，成为城市发展、新旧动能转换的驱动中心。

（2）空陆物流产业联动区——利用空港、陆港之间的区域和机遇，发展航空物流及其延伸产业、高端制造、陆港物流及其延伸产业、商业及生活配套区。

（3）全国重要的旅游集散地和目的地——利用良好的区位优势，打造高端旅游集散区，延伸商旅产业链，完善配套，提升服务。

（4）鲁西南最重要、最新的交通中枢——强化济微高速、范青/日兰/济徐高速的集疏通道作用，提升发展京沪、京九等集疏通道的联系，对接联动兖州南站及曲阜东站，促进京沪高铁经济通道的资源导入兖州。

依据上述定位，我们为济宁临空产业的发展确立了四大基本策略：

一是以客流带物流。济宁具有众多优质的文化旅游资源，已经形成良好的旅游产业基础；同时还具有良好的制造业产业基础，可以大力发展商务旅行。因此，应该先行发展商旅客流，做大做强客运航线网络，并以此带动航空货运物流产业的发展壮大。

二是以陆港带空港。大力发展济宁“九省通衢、齐鲁咽喉”的地面交通优势，先行发展国家级“南北集散”的物流枢纽；同时与周边错位竞争，集中发展高端货物集散，逐步培育航空物流需求。

三是打造统一的物流信息平台。改变现状物流园区多、联动少的局面，打造公共信息平台；突出面向企业、面向制造业的公共物流平台，深度服务临空经济的发展。

四是多港多维度联动。在全市域、特别是在兖州城市发展和经济发展的层面上，整合陆港、空港、信息港，整合客流、物流，整合机场、高铁站、火车站、长途车站等，整合产业、交通和人口布局，重组形成兖州新的城市结构。

我们基于济宁产业发展的现状调研，根据机场腹地的优势产业，抢抓政策红利、紧扣临空主题、深挖资源禀赋，筛选并锁定了济宁机场临空经济区核心区临空产业重点聚焦的领域为商旅产业链和物流产业链。在商旅产业链上，应聚焦商旅服务、餐饮零售、酒店住宿等。其相关产业设施以旅游集散中心为代表，包括旅行服务、文化教育、会议展览、商务办公、教育培训、文化科研、金融、批发零售、体育运动娱乐、住宿等设施。在物流产业链上，应聚焦高端装备制造、快递与跨境电商等。其相关产业设施以分拨中心为代表，包括仓储、加工、包装、运输、保税租赁、各种制造工厂、种植场、养殖场等设施。临空经济区产业设施分区如图 2 所示。

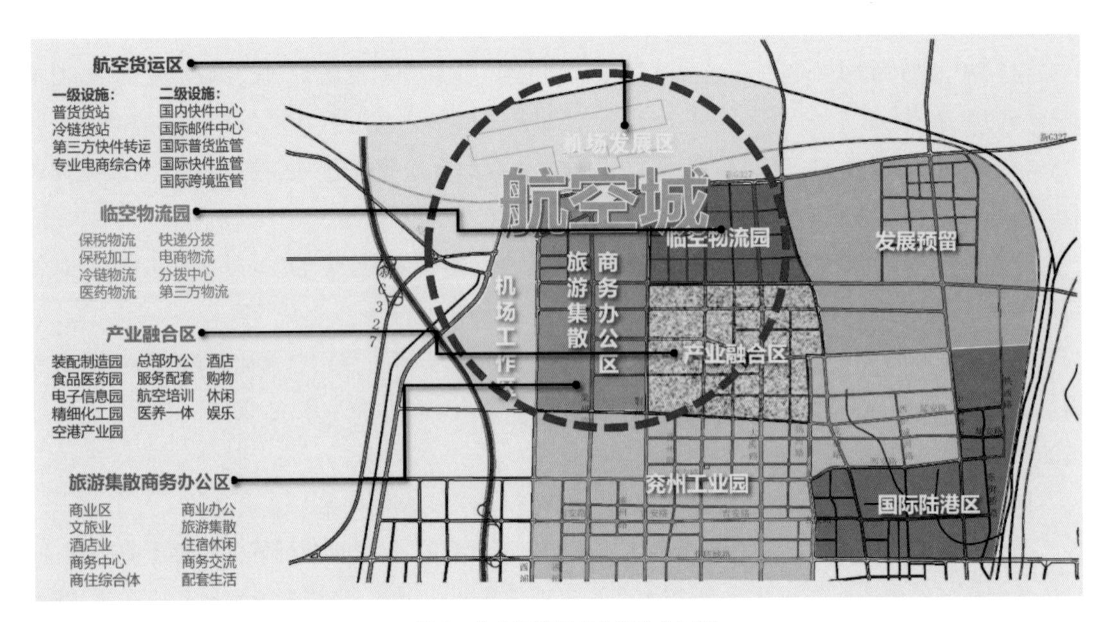

> **图 2** 临空经济区产业设施分区图

2 分区规划

规划中的临空经济区在整体上要形成“一核两轴三片一环”的空间布局结构(图 3)。

“一核”即临空综合服务核。它紧邻济宁新机场南侧的东西通道，包含旅游、商业、文化、商务、会展等多种服务功能。

“两轴”即①空港功能景观轴：沿梁州路为临空经济区主要的功能景观轴线，串联临空经济区的主要功能节点；②临空产城融合轴：融合城市和产业功能的主要东西向轴线。

“三片”即①商旅核心区：包括商旅中心、商务办公中心、会展中心以及配套的居住功能；其中商旅中心是融合旅游服务、酒店住宿、商业、文化等功能的复合中心。②临空生活区：为临空区域配套的品质住宅区，提供标杆性的教育、休闲等人才配套服务功能。③物流产业区：包括保税展示、海关办公、仓储物流以及相关的临空产业等功能。

“一环”即临空生态活力绿环：加强城市公园、街道、广场等的绿化建设，形成环状的活力绿廊。

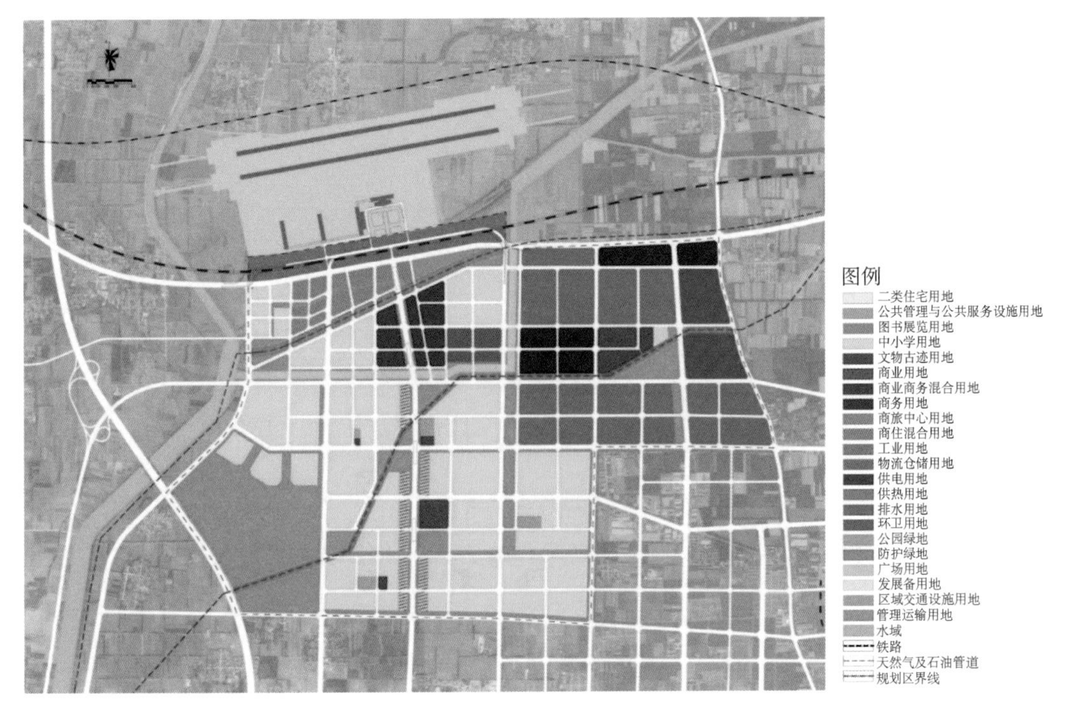

> **图 3** 临空经济区功能分区图

3 空铁新城

仅仅只有上述临空产业园区的开发还是很不够的，要让这么一个规模的机场来带动地区经济的发展，显得有些力不从心，甚至临空经济区本身的发展也有些过于乐观。之所以对济宁临空产业的发展充满信心，主要还是基于临空经济区靠近城市建成区，特别是紧邻城市新兴产业园区。这就是工作的突破点。

济宁新机场的选址离兖州已建成的城区比较近，使我们策划一个带动城市经济发展的临空园区和带动临空园区发展的城市空间扩展、城市经济发展之规划方案成为可能。

因此，我们紧扣这一核心议题，提出了规划建设一个以西浦路、梁州路、荆州路为主干的南北向城市发展轴，希望以此轴来重筑兖州城市空间结构(图 4)。这就是济宁临空产业园区策划与规划的核心思想，也是策划工作的突破点，更是兖州未来发展的方向。当然这也是兖州在高速交通(航空＋高铁)时代城市新旧动能转换、城市结构升级、城市空间重筑的指导思想。在高铁与民航快速发展的这个时代里，兖州必须跟上这个时代的步伐。

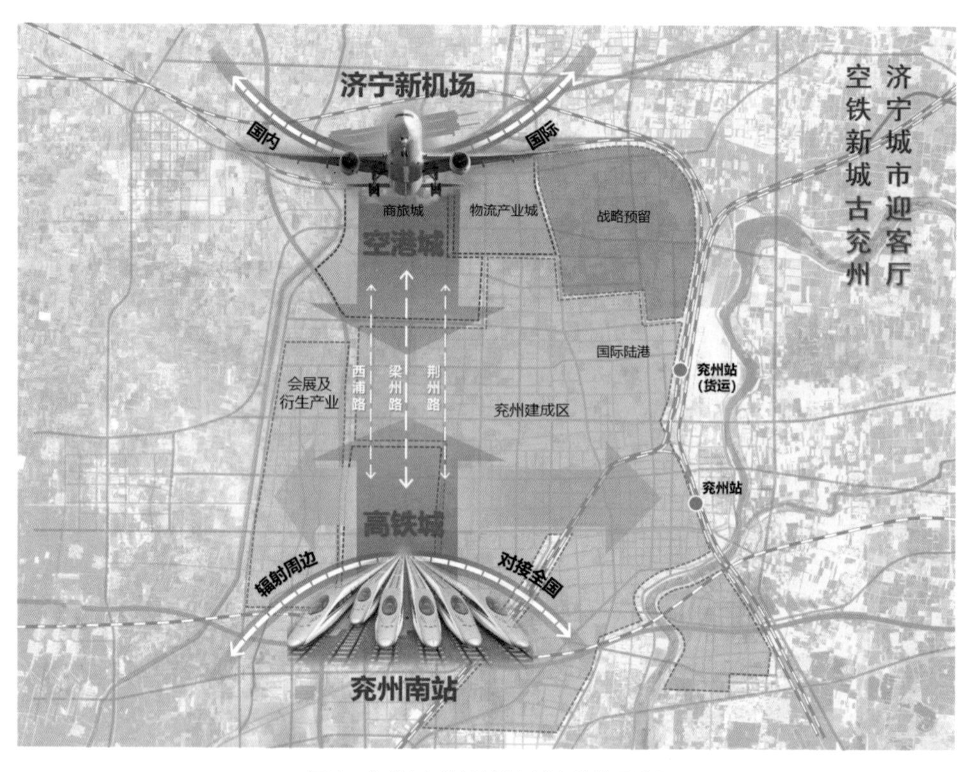

> 图 4　兖州"空铁新城"之城市结构示意图

具体来说，应该"在城市的南北两端不断地投入，强化空港城和高铁城的功能，并通过不断地加强这两座新城之间的交通联系，来锁定城市南北轴。同时以此轴的建设带动新一轮的兖州城市经济社会的转型升级和不断发展"。为此，要做好空港城、高铁城的城市设计、开发规划、产业引进；要加快西浦路、荆州路的"快速化"改造；要重点推进梁州路的"街市化"建设，推进地铁、地面公共交通的导入；重点规划建设空港、高铁两个综合交通枢纽的便捷换乘和 TOD 开发。

（本文于 2020 年 12 月发表于微信公众平台"机场发展"）

机场与城市

交通强国战略与上海机场发展之路

上海两座机场的运量在2010年上海世博会当年达到了旅客量7 188万人次、货运量360万t和飞机起降54.5万架次，从此，上海机场走进了两位数高速增长时代。2017年更是达到了旅客量11 189万人次、货运量423万t和飞机起降76万架次。上海机场已经步入一个新的发展时期，如何调整30年来建立起来的发展模式，完成转型发展，成为当前面临的最大课题。

1 “创新驱动、转型发展”是时代主旋律

为了“加快完善社会主义市场经济体制和加快转变经济发展方式”，党的十八大明确提出了“全面深化经济体制改革”“实施创新驱动发展战略”“推进经济结构战略性调整”“推动城乡发展一体化”和“全面提高开放型经济水平”的发展战略。“创新驱动、转型发展”已经成为经济发展的主旋律和关键词。上海市委更是明确提出：“经济发展不是单纯地追求增长，而是要紧紧抓住创新驱动、转型发展这个总方针，克服上海经济转型中的阵痛，克服土地资源紧张、劳动力成本上升带来的压力，更加注重质量效益，更加注重降低成本，更加注重未来发展空间，力争未来几年在科技创新、制度创新、产业升级方面取得实质性突破。”“要切实强化问题意识，查找分析工作中需要研究和解决的问题，分门别类、有针对性地拿出解决的办法，形成推进经济社会持续发展的具体思路。”

上海机场(集团)有限公司(以下简称“上海机场”)已经进入一个新的发展时期，即运量增长处于“S曲线”的成熟阶段(图1)，机场在经历了一个高速增长的阶段以后，进入一个较长时间的

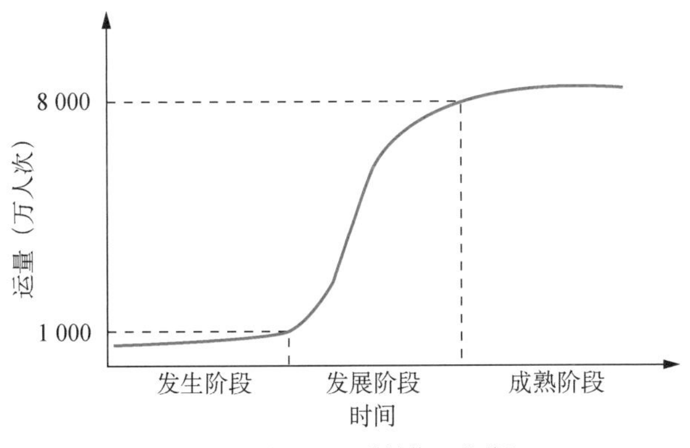

> 图1　机场运量增长的“S曲线”

平稳增长阶段。上海机场的年旅客量增长到100万人次用了近30年的时间，这个阶段是由很缓慢的增长完成的；随后进入高速增长期，用了9年的时间，让旅客量从100万人次增长到1 000万人次；其后只用了3年时间就实现了第二个1 000万人次的增长；第三个1 000万人次仅用了1年时间；到了7 000万人次以后，增长就开始减缓了。

世界上所有大都会地区机场群的旅客量都相对稳定在1.0亿～1.2亿人次。东京、纽约、巴黎、伦敦都没有突破1.2亿人次，到1.0亿人次之后的增长就非常平稳了。似乎有某种规律，国外这些特大城市在这个时期有一个很重要的特点，就是城市经济结构开始转型，不再是追求大，其航空旅客量也就慢慢稳定下来。另外，从城市的角度来看，到七八千万旅客量之后，机场对城市带来的冲击，特别是其集疏运交通和飞行噪声污染等方面的冲击，城市已经没办法承担了。还有航路拥挤、空域限制等各方面的因素都开始向着限制旅客量增长的方向发展。这样看来，上海机场发展规划把其终端容量定在1.2亿～1.4亿人次是符合上海实际的。我们已经慢慢感悟到了量的"增长是有极限的"，已经认识到"S曲线"规律，上海机场运量增长的拐点在7 500万人次左右。因此上海机场急需转型，真正唱响"创新驱动、转型发展"的主旋律。

2 明确"转型发展"的目标与任务

"创新驱动、转型发展"不是一个政治口号，而是应该落实到日常工作中的具体行动。对于上海机场来说，转型发展的目标与任务主要有以下三个方面：

首先是从"扩张型"向"内生型"的转型。亦即从"把蛋糕做大"向"把蛋糕做精"的转型。过去的30年，上海机场从一个年旅客量不足500万人次的普通机场，以连续两位数以上的增长速度，迅速地成长为今天这样拥有两座大型国际机场，年处理1亿人次旅客量、400万t货运量、70万架次飞行量以上的企业集团。上海机场不仅跟上了上海发展的步伐，为上海经济的高速发展提供了民航保障，还使自己成长为一个拥有12 000多名员工、年产值100亿元、具有良好可持续发展前景的大型国有企业。

过去30年，上海机场顺应时代发展的要求建立了一系列与之相适应的运营管理模式和制度机制，但它们都具有明显的扩张性，其最大特征就是投资拉动。现在，上海机场已经非常清楚地看到了这个发展模式的不可持续性。显然，上海世博会是这个发展阶段的终结点，上海机场现在已经进入一个新的发展时期，需要创造新的发展模式、新的体制机制。上海机场的发展战略已经明确为"做精做强"，从过去以投资拉动为特征的扩张型发展模式，向以内需拉动和消费拉动为特征的"内生型"发展模式转变，真正走上可持续发展的道路。

其次是从“外向型”向“内需型”的转型。过去 30 年，中国经济靠投资和外贸拉动，取得了举世瞩目的成就。上海机场抓住机遇建设了浦东国际机场，大力发展了以国际货运为代表的一系列基础设施，保障了上海经济的发展，推动了上海国际航运中心的建设。

上海世博会前夕，为了支撑国家拉动内需和上海服务长三角的需要，上海机场又不失时机地完成了虹桥综合交通枢纽的建设，既保障了上海世博会的运输，又为上海经济的转型发展搭建了平台，当然也完善了上海航空枢纽的基础设施框架结构，搭建了与上海城市结构完全一体化的上海机场的基础设施体系，确立了两大机场在城市与区域发展中的重要地位(图 2)。

虹桥综合交通枢纽的建成投运，不仅使上海机场的基础设施与长三角的交通基础设施连为一体，同时还使长三角综合交通体系的一体化运营成为可能。今天，以“空铁通”和城市航站楼为代表的新的运营服务模式已经显露端倪。

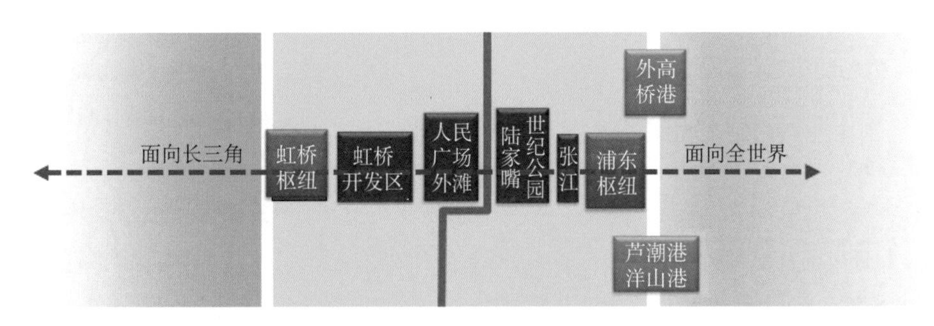

> **图 2**　上海东西发展轴上的两座机场

最后是从“设施设备升级型”“技术创新型”向“商业模式创新型”“制度机制创新型”的转型。过去的 20 年，上海机场把大量的资源投入对两机场设施设备的建设和改造升级上。今天，机场硬件水平已经进入世界最先进的行列，在技术创新方面也取得了巨大的成就，获得了一大批科技进步奖、发明奖。但是在商业模式和制度机制方面仍然远远落后于世界先进水平。正如十八大文件所说，转型发展将是我们未来 10 年、20 年必须完成的历史任务。

党的十八大在过去所提的创新型国家、强调科学技术创新的基础上，进一步明确提出了“商业模式的创新”和“制度机制的创新”。这是一个历史性进步，这是我党从 30 多年社会主义市场经济建设的经验教训中总结出来的理论精髓。没有这两个方面的创新，我们的发展就会面临新的瓶颈，我们的事业就会停滞不前。上海机场今天也同样急需商业模式的创新和制度机制的创新，还没有彻底摆脱为交通配套的商业模式和缺乏竞争、缺乏激励的机制，不找到新的商业模式和新的制度机制，就无法应对未来 6 条跑道、4 座航站楼和 1.4 亿人次旅客量、500 万 t 货运量、100 万飞机起降架次的挑战，甚至无法在经济、社会转型中生存下来。

应该看到，完成上述三大转型的关键是新型人才队伍的建设，是上海机场全体干部员工必须尽快完成思想上和行动上的转型。但是，不少干部员工已经适应了生产规模迅速扩大前提下的工作和生活，过去的思维方式和运营管理模式会拖后腿，不是所有现职人员都能够顺利地完成这种转型。而时间紧迫，又不得不尽快完成这种转型，这是有很大难度的。因此，必须有准备、有预案。

上海机场要改变过去那种资源投入式的、设施平台建设为主的扩张型发展模式，向以提高运营管理效率、软件建设为主的创新型发展模式转型。

3 上海机场在客运转型发展方面的方向

上海机场的旅客运输量维持了 20 年的高速增长，企业已建立起一个与运输量不断增长相适应的运营管理模式。面对上海世博会后旅客量增长的放缓，上海机场已经清醒地认识到转型发展时代的到来，并在以下四个方面开始探索客运转型发展的新路径。

一是商务快线产品的开发。随着上海城市服务业的发展，商务旅客对航空运输的要求在不断变化，上海机场针对细分市场的要求开发了商务快线。所谓商务快线，定义为每天有 10 个以上航班的航线。10 个航班是什么概念呢，就是基本保证工作时间每小时有一个航班，基本上达到让旅客随到随走的目的，航程在 2 000 km 左右就能当天往返。这样就能够把枢纽运作的好处发挥出来，达到公交式运营的标准，即旅客来了就能走。同时，由于主要的客人都是商务客人，他们对费用不是很敏感，在乎的是时间，因此商务快线在商业上也获得了比较大的成功，上海机场快线会越开越多。2017 年，仅东方航空在上海机场就投运了 11 个快线产品，通达北京、深圳、广州、西安、香港、青岛、成都、天津、昆明、厦门、沈阳。加上其他航空公司的航班，目前上海机场的商务快线产品已经超过 20 个，此外还有澳、台及日、韩航线，上海机场的商务快线已经覆盖东亚。

二是面向高端旅客的新产品开发。头等舱、公务舱旅客、常旅客、商务旅客等高端旅客市场在上海机场的比例和重要性正在快速上升，上海机场贵宾服务公司的产值也在不断上升。高端旅客是一个重要的客户群体，有特殊的市场需求，应该很好地研究分析这些需求，不断地投入资源开发这个新的细分市场。这一新兴市场的发展空间不可限量，其产业链从住宿、会务、零售、餐饮，到交通、中介、代理、信息服务等，链很长。上海机场需要不断地创新运营模式，提供更多的服务产品来满足这一细分市场的需求，并获得企业的利益。

三是餐饮零售模式的创新与升级。经过十多年的艰苦努力，上海机场的餐饮、零售服务模式有了很大的发展，取得了很大成绩，为企业作出了巨大的贡献。但是，现在发展遇到了瓶颈，必须尽快完成从交通设施配套、服务型模式向功能型、主动营销型模式转变。借上海世博会的"风"和沪港合作的"船"，上海机场在虹桥机场二号航站楼的餐饮零售设施的运营管理中做了许多探索，获得了巨大的成功，已经找到了从过去那种被动服务型的航站楼餐饮零售模式向未来主动营销型的航站楼功能性设施转型的道路。上海机场会进一步深化和推广这一新型餐饮零售模式。

四是多式联运产品的开发。上海机场将由两种及两种以上交通方式共同完成的运输过程称为多式联运。常见的多式联运形式有空路联运、空铁联运、空轨联运、空水联运等。现在，杭嘉湖、苏锡常地区就是以上海航空枢纽为中心的空路联运的最佳服务区域。如果还想把空路联运的服务区进一步扩大，通过地面道路系统就比较困难了。空铁联运的范围要大于空路联运的范围，目前东方航空与上海铁路局合作，已经开通长三角所有高铁车站与上海虹桥综合交通枢纽的"空铁通"230 班。长三角高铁沿线都已进入空铁联运的服务范围，所有高铁车站所在的城市都有了一个"虚拟机场"。

其实，空铁联运做了多少旅客量还是次要的，更主要的是空铁联运网络建好以后，所带来的上海对长三角一日交通圈的拓展。远程值机把上海航空枢纽的服务延伸到长三角各主要城市的高铁车站，使这些城市利用上海航空枢纽将全国和东亚主要城市都纳入自己的一日交通圈。这就是上海机场以虹桥综合交通枢纽为核心实施空铁联运的最高目标和最大效果。如果从无票联运、多票联运的角度来看，现在已经是非常方便了。每天，虹桥机场的 10 万人次旅客吞吐量里已有 1 万多人次是乘高铁来往的。

总之，上海机场的旅客运输已经朝着高端的细分市场、中转市场和提供高质量的旅客服务的方向转型发展。上海机场目标应该是成为长三角和东亚的商务客运枢纽。

4　上海机场在货运转型发展方面要做的工作

上海机场在过去两年中货运业务已经出现负增长，这对货运业务方面转型发展的紧迫性发出了警示。在未来的十年中，上海机场必须在以下三个方面完成一系列的转型。

一是大力发展国际货运的中转业务。浦东国际机场的国际货运业务在过去以进出口的点对点航班为主，只有 5%的中转业务量，货运量虽大但不是货运枢纽。这种点对点的运输方式，使机场货运量受所在地区的产业结构变化的影响较大。这几年长三角制造业的西移，已经在货运量上明显地反映出这种影响，上海机场需要改变这种市场结构。接下来必须大力促进货物中转的发展,向香港机场学习,实现浦东国际机场货运业务从直送到中转的转型。

经过近20年的努力,浦东国际机场建立了国内最完备的国际货运网络,这是上海机场最大的优势。应该利用这一优势,迅速地建立起国内—国际、国际—国际、国际—国内,以及国内—国内的中转网络,吸引国际、国内的航空货物到浦东国际机场来中转,特别是要吸引从沿海地区、长三角地区西移的制造业客户,还像过去一样将货物运到浦东国际机场来,上海机场给客户提供最好的中转服务。这样就能够最大限度地规避产业不断转移带来的风险。

从现实情况来看,能给上海机场转型发展的时间大约也就十年,如果十年之内不能很好地巩固和完善货运中转业务,那么上海机场将失去货运枢纽的地位。最大的挑战者可能是位于湖北鄂州的顺丰国际货运枢纽机场。

二是大力发展国内货运业务。过去20年浦东国际机场赶上改革开放的大潮,将主要精力集中在国际货运业务方面,为上海航空货运枢纽的建设作出了巨大贡献,也为上海机场集团提供了良好的效益。但是,长期忽视了国内航空货运市场的发展,以致浦东国际机场每年300多万吨的货运量中只有12%是国内货物。这为浦东国际机场未来的转型发展留下了巨大的空间。

随着发展内需政策的不断推进,以及到龄客机大量转为货机,还有网购、快递等诸多利好因素的影响,国内航空货运将会迎来一个高速发展期。这对于上海机场来说将是一个重要的转型发展机遇,应当也必须抓住这一机遇,投入资源,改革国内货运的运营管理模式,减少中间环节,推进产业链的拓展,争取在最短的时间内实现浦东国际机场货运业务从外向型向内需型的转型。

三是大力开拓跨境电商、冷链物流等新兴业态的市场。在货运物流行业中,随着以互联网为代表的新技术的高速发展,一些新兴的业态大量出现,眼前能够看到的就是跨境电商和冷链物流,它们一定会快速地发展,会在不远的将来改写航空物流的历史。特别是冷链物流,不仅市场潜力巨大,而且附加值高、准入门槛较高,对上海机场来说是有明显的先发优势和巨大的设施建设空间的。发展瓶颈是航班时刻和网络对接。上海机场一定要抓住机遇,利用好已有的市场优势和航空网络优势,在这两个领域尽快形成属于自己的市场高地。

四是创新服务模式、提高运营效率。航空货运业务纷繁复杂,但降低成本、提高效率是其最根本的目标,上海机场必须在这两个方面做出不懈的努力。降低成本就是提高吸引力,使大家都愿意把货物运到浦东国际机场来;提高效率就是增强竞争力,使顾客的货物能够最快速地交给客户。要做到这两点需要对货运链不断地调整和优化,这不仅仅是机场自己的事情,各相关方都必须做出最大的努力。目前,浦东国际机场还不能提供24小时等质服务,这对于以夜间工作为主的航空货运来说至关重要;货运中转业务和国内货运业务的运营模式和管理制度都还很不成熟,普遍缺乏效率;这些都需要不断地创新服务模式、改革管理体制,为接下来的转型发展创造条件。

要想提高中转量、发展国内货运业务、开拓新兴业务、提高运营效率,还必须改革上海机场现行的货运体制和运营模式。现在的货运业务条块分割比较严重;货运、货代企业鱼龙混杂,管理混乱;物流链上流程繁杂,导致一些环节效率低下;同时由于没有统一、高效的物流信息平台,一部分资源的效率未能很好地发挥出来。实际上,在货运的体制机制上更需要创新和转型。

5 依靠创新提高上海机场的空侧运营效率

创新驱动已经从技术创新向制度创新和法规创新发展,对于机场运行三大要素之一的飞行区运营来说,上海机场已经在下面两个方面开始了探索。

一是适应机型变化与枢纽运营要求,创新机坪规划与运营模式。上海两座机场的时刻资源都是非常紧张的,为了提高时刻资源和航站楼、机坪资源的使用效率,在认真研究了上海两座机场的实际情况以后,上海机场提出了"组合机位"和"可转换机位"的概念。组合机位是指同一站坪,可以在不同的机位布置方案之间进行转换,虹桥机场二号航站楼的站坪建设了 8 个这样的组合机位。可转换机位是指同一个机位可以在国际和国内之间转换使用,浦东国际机场二号航站楼已经建设了大量的可转换机位。在实际运营中这两种机位都得到了广泛的好评,在今后的机场扩建和改造中,还会进一步增加这两种机位的数量。

二是依靠制度创新,提高跑道的起降效率。随着浦东国际机场第五跑道的建成,上海两机场的跑道资源就到了终端了,但容量不能就此到了终端,必须创新跑道运行模式,挖掘出新的发展空间。当前,虹桥机场首先遇到了跑道容量瓶颈问题。由于特殊的历史、地理因素,虹桥机场的商务旅客市场特别巨大,对跑道容量的需求很大。为了进一步挖掘已有两条近距离跑道的能力空间,上海机场与空管局正在开展一系列创新性研究,希望对现有跑道运行法规和相关制度能做些改进。相信新的高容量、低噪声近距跑道运行规则一定会在上海诞生。

6 创新商业模式,发展非航业务

上海机场在未来的十年中,还必须创新商业模式,完成从现在的"主营业务盈利"向"进一步拓展非航业务收益"的方向转型。上海机场需要进一步拓展的非航业务领域有两个方面。

第一个方面是要进一步在上海两机场及其附近区域拓展非航业务。现在上海机场的非航业务集中在物业收入,虽然风险极小,但是缺乏创新性和竞争力。接下来可以研究向物流业、旅馆业、会展业、信息服务业,以及房地产业等领域拓展。新一轮发展应该特别注意核心竞争力和人才培养，一定要有商业模式的创新，要形成有实力的实体企业，不可又变成“房东”或“地主”。

第二个方面是上海机场还可拓展“走出去”，即“走出上海、走出民航”的发展之路。一般来说，走出去的渠道有三条：一是产品走出去。上海机场可以将自身的技术创新成果、服务品牌等进一步进行商业开发，形成可以向市场推出的成熟产品，比如计算机软件、专利、助航灯具，以及翔音组、鹏飞组等。二是劳动力和人才走出去。上海机场可以将自己相对富余的运营管理干部和工程技术人员组织起来对外提供服务，并逐步进入市场，参与竞争。也可以让上海机场的机电通信公司、商贸公司、地服公司，以及能源保障公司、消防保障部门、货运站公司等走出去，在市场上去寻找自己新的发展空间。三是资金和管理走出去。通过资本运作，收购其他机场、交通枢纽，以及它们之间的联络线等设施，输出上海机场的运营管理。

但是，是否“走出去”涉及上海机场的企业发展战略问题，涉及市政府和国资委对上海机场集团的定位问题，现在还都没有明确的答案。上海机场在为“走出去”所做的制度保障和机制准备也相当不充分。至少现在，还不具备“走出去”的体制机制和运营管理模式。

7 特别关注信息技术快速发展对机场主业带来的影响

“大数据”“智能化”“移动互联”“云计算”和“电子值机”“身份识别”“安检技术”“物流技术”等技术的发展，将会给机场航站楼带来革命性的变革。未来航站楼与现在的航站楼相比，将会产生以下变化：

(1) 航站楼的旅客流程将会发生彻底的变革。多数流程都会被搬到互联网上，支撑航站功能的工作人员将大幅度减少，剩下的工作人员以后台工作为主，多数只是提供平台服务。

(2) 航站主楼设施的规模将大幅度减少。今天令人引以为傲的、高大漂亮的航站主楼将会显得多余，需要动脑筋去发现它的新用途或改造它。

(3) 商务设施、商业设施、服务设施的规模会大幅度增加，新的商业模式要求立足于新技术和互联网平台。

(4) 航站楼前的综合交通枢纽功能将会得到进一步加强。综合交通枢纽整合航站主楼的功能，或曰综合交通枢纽替代航站主楼的趋势明显。

(5) 以城市轨道交通为代表的大运量机场集疏运交通，将与航空器的登机口尽可能直接对接，以保证旅客便捷地进出航站楼。

未来，航站楼将提供信息设备之间端到端的旅客服务，提供个性化的旅客服务；同时由于移动互联技术的支撑，旅客服务将彻底移动化，这会最终完成旅客向顾客的转变。这一切变化虽然都基于互联网技术和大数据技术，但旅客服务模式的变化又促成了互联网技术和大数据技术的进一步发展，从而又保证了在航站楼内提供更加优质的旅客服务。

过去20年民航运输业的高速发展，将机场航站楼带入了一个新时代。以互联网技术、大数据技术为代表的相关新技术的发展和普及，已经为机场新一轮的发展准备好了必要的助推器。要充分利用好新技术、新商业模式带来的新机遇，造就一个智能、低碳、共享的新机场，给旅客带来一种全新的旅行享受。

8 结语

上海机场必须尽快完成从扩张型向内生型、从外向型向内需型、从科技创新型向商业创新型的转型；必须在客货运输、航班运行和产业链延伸、非航业务拓展等领域真正实现“创新驱动、转型发展”；必须通过转型发展尽快建立起中国特色的大型枢纽机场长期稳定的运营管理模式和新型的国有大型枢纽机场运营管理企业的发展模式；必须抓住信息技术高速发展的机遇，实现上海机场的发展战略。

（本文发表于《交通与港航》2018年第3期）

上海机场的运输组织与设施规划

建设交通设施首先应研究运输组织问题。过去，我们往往是对运输组织还没研究透，或者按照老的运输组织方式就开始了设施建设，带来许多遗憾。运输组织问题的实质就是设施的用途和功能问题，其核心就是设施的定位。对于上海机场来说，机场的定位和以机场为核心的综合运输体系的组织就是机场规划、建设的依据。

1 上海航空枢纽的运输组织

第二次世界大战后，以美国为代表的国家在民航运输组织中采用了“枢纽—辐射（HUB & SPORK）”的模式。如图 1 所示，某区域共有 9 个城市，其中 2 个是大城市，也可以叫作中心城市，若 9 个城市都不建设枢纽机场，那么每两个城市之间都有运输需求，就要运营 36 条航线。如果用“枢纽—辐射”的模式来进行组织运输，那么可在其中 2 个中心城市建设枢纽机场，把周围相对较小的城市机场变成支线机场；航空公司用较小的飞机将客人从支线机场运输到一个枢纽机场；

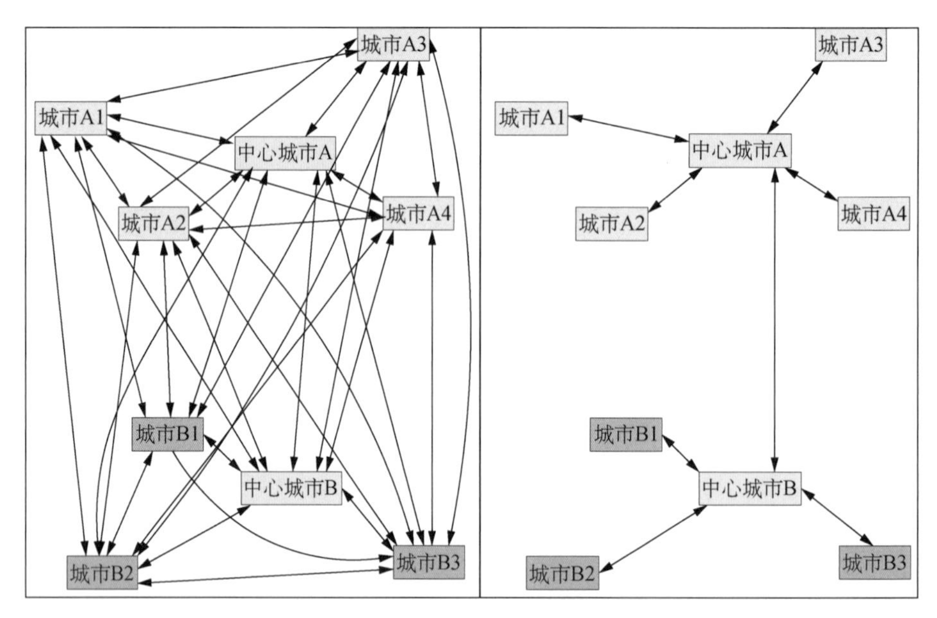

(a) 城市对航线（9个城市需要36条航线）　(b) 枢纽网络航线（9个城市只需要8条航线）

> **图 1** 城市对航线和“枢纽—辐射”网络航线

再用较大飞机将各支线机场运来的旅客从这个枢纽机场运输到另一个枢纽机场;最后将到达另一个枢纽机场的旅客用较小飞机运输到其他支线机场。这种运输模式只需运营8条航线,即可满足所有城市的通航要求,同时航空公司也能保证其客座率、降低成本,空域资源的需求也会减少。对旅客来说,虽然换乘增加、带来不便,但由于航空公司成本大幅下降,换乘的飞机票价比较低,多数旅客还是乐于接受的。这样的运营模式对于机场来说也有很大好处,支线机场只需要很小的投入就可以满足运输需求。

显然,这种“枢纽—辐射”的运营模式有很多的有利之处,唯一的缺点是旅客要换乘。为了方便旅客的换乘,航空公司会统一调度,将几个支线城市的航班在同一时间都运输到枢纽机场,并让大飞机在枢纽机场等待这些转机旅客在下一时刻起飞。这样,枢纽机场在某一时刻飞机集中到达,而接下来的某一时刻又集中出发,一日中几次重复就形成了“航班波”的现象。例如,浦东国际机场早上八九点有很多航班离港,11:00左右又有很多航班到港;14:00左右有很多航班离港,17:00—20:00又有很多航班到港。出现这种航班波的机场就是枢纽机场。在枢纽机场的建设和运营中如何使旅客的转机便捷、顺畅,减少旅客等待时间,就成为航空枢纽建设的核心课题。

中国民航正全力建设“枢纽—辐射”网络体系。以乌鲁木齐为例,其周边13个支线机场先将客人运输到该机场,再用大飞机运输到北京、上海和广州等枢纽机场。航空公司在其目标市场地区都会建设这样的网络。例如,南方航空公司在东北地区以沈阳机场为枢纽,东方航空公司在西南地区以昆明机场为枢纽,东方航空公司在西北地区以西安咸阳机场为枢纽等。由于距离比较合适,还有很多城市直接飞到上海,包括华中、华东、华南和华北地区的部分城市都可以“点对点”直飞上海[图2(a)]。例如,广州和北京的枢纽机场,它们与上海的浦东国际机场的定位相近,华北、华南地区的客人可以直接从北京、广州飞到国外,因此,在这两个枢纽机场所在地区的客人乘飞机到上海应是以上海为目的地的,所以我们把广州、北京直飞上海的这两条航线安排在虹桥机场。这是两条黄金航线,每15分钟就有一对航班。

在国际航空网络上,浦东国际机场将同日、韩机场竞争,成为欧亚美三大洲之间航空网络中的枢纽机场[图2(b)]。

2 上海机场的功能定位

机场的定位取决于运输组织。根据上述运输组织模式,上海航空枢纽定位为“大型复合枢纽”,其功能由以下四个方面组成:作为本地集散枢纽,是其基本功能;作为中国门户枢纽之一,是其核心功能;作为国际中转枢纽和国内中转枢纽,是其潜在功能;作为国际货运枢纽,是其突出功能。

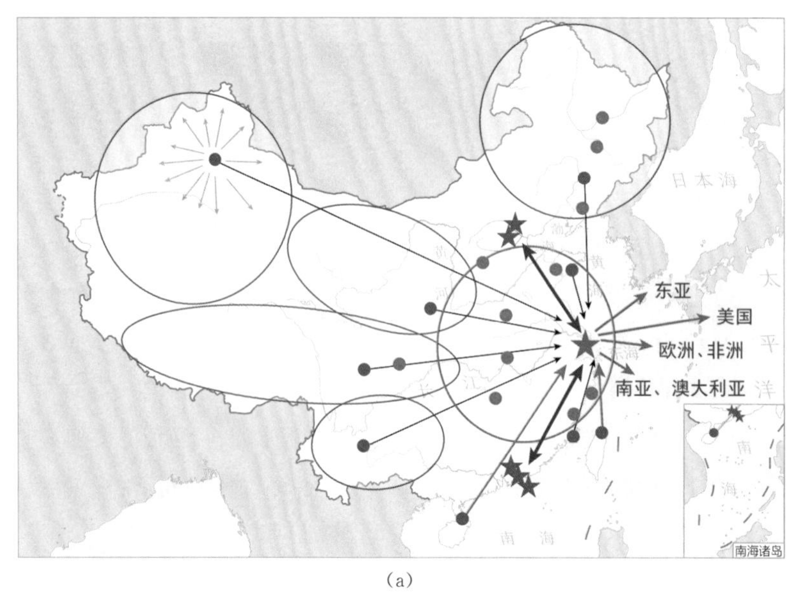

(a)

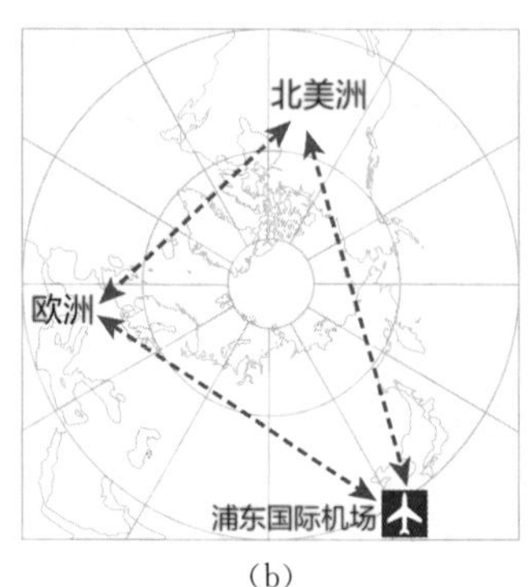

(b)

> 图 2 上海航空枢纽运输组织示意图

所谓门户枢纽是指国内的旅客可在上海转机去国外,国外的旅客可在上海转机到国内其他城市。近来,东方航空公司就将日本和韩国的客人运到浦东国际机场,这些乘客就可从浦东国际机场换乘航班去世界各地,这是国际枢纽性质的运作。这种功能是潜在的,需要同日本成田机场和韩国仁川机场竞争,竞争非常激烈。同样,国内的很多客人来上海是为了到其他的地方,例如,从合肥和武汉乘飞机到上海,再换乘飞机到广州;东北的客人到浦东机场,再换乘飞机到广州、海口,这样上海机场就形成了国内中转枢纽的功能。浦东机场最突出的是货运功能,其货运量在国际上排名第三。

上海目前有浦东、虹桥两座民用机场,即“一市多场”。两座机场如何定位,一直是我们的重大课题。首先,上海市以“一市两场”为一体的方式来构建航空枢纽,即将航线网络不断调整与融合,最大程度实现旅客在一座机场内的多种换乘,华南和华北的客人集中在虹桥机场,西南、西北这些地区(如新疆、云南、重庆等)航线旅客换乘比率较高,则将其航班放到浦东机场。

其次，浦东国际机场定位为近期形成以国内与国际本地对运市场(O & D)为基础，国际与国内(I-D)和国内与国际(D-I)中转为主，国内与国内(D-D)中转为辅的航线和运量结构；远期则随着航权的综合使用而逐步增加国际与国际(I-I)中转运量的比重，最终成为包括四种中转运量在内的国家级复合型航空枢纽(图3)。虹桥机场定位为形成以国内点对点为主，国内与国内(D-D)中转为辅的基本格局，同时承担城市和区域的各种专机、包机功能，以及商务航空、警务航空等通用航空运营机场的功能，并保留国际航班的备降功能(图4)。浦东机场和虹桥机场相互配合，两个机场共同构建枢纽。

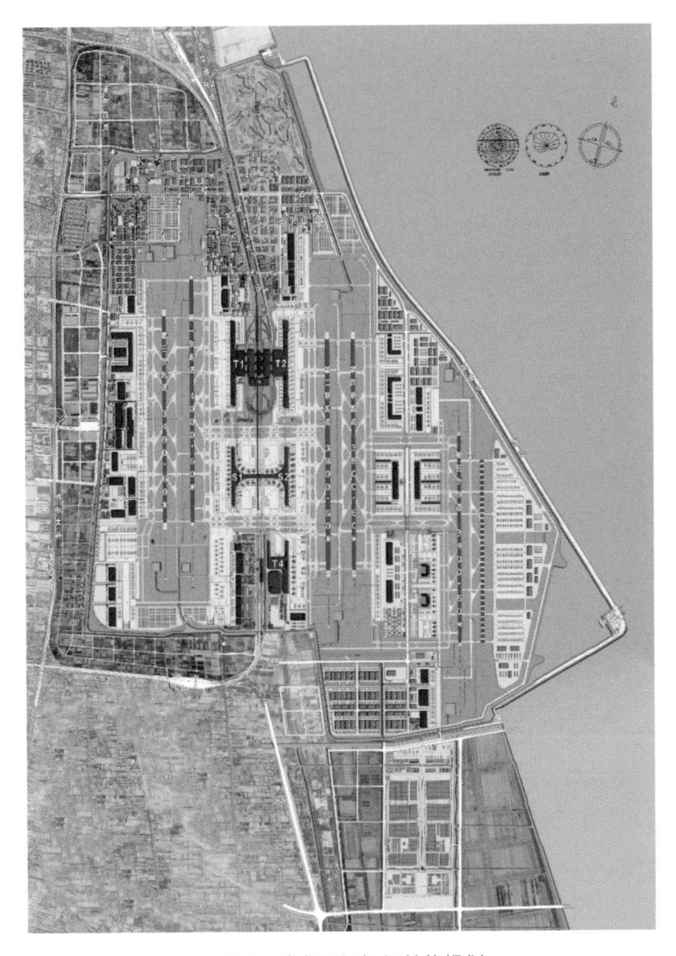

> **图3**　浦东国际机场总体规划

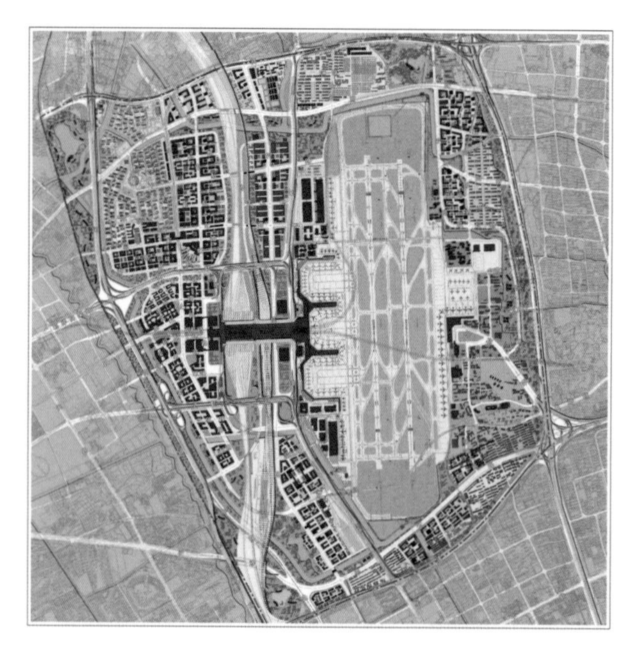

> 图 4　虹桥机场及虹桥枢纽总体规划

最后，虹桥和浦东两座机场之间必须有便捷可靠的交通系统联系。两座机场集疏运道路交通网络已经基本建成(图 5)，很好地支撑了浦东国际机场作为货运枢纽的发展，现在浦东国际机场货运量排名世界第三。在客运方面，规划有轨道交通 2 号线和磁浮机场快线(图 5)。轨道交通 2 号线已经开通，但两机场之间耗时太长，不适合航空旅客使用，且不能直通运营，也给旅客带来了不便。磁浮机场快线从龙阳路站向虹桥综合交通枢纽的延伸项目进展停滞。本应公交优先的机场集疏运系统，现在最为不便。国家发改委领导已多次专程为磁浮联系两座机场的事情来到上海，希望能够尽快将两座机场紧密联系起来，以免对上海航空枢纽的建设造成不利影响。如果不能很快地将浦东国际机场建设成为亚太枢纽机场，我们在与日韩机场的竞争中就会落后。国际上有一个共识：有国际枢纽机场的城市一定是一个国际金融中心，亦即国际金融中心需要有国际枢纽机场来支撑。因此，浦东国际机场的枢纽建设就是一项国家战略。

3　规划目标与发展计划

上海航空枢纽的发展目标是：力争经过若干年的努力，构建完善的国内国际航线网络，成为

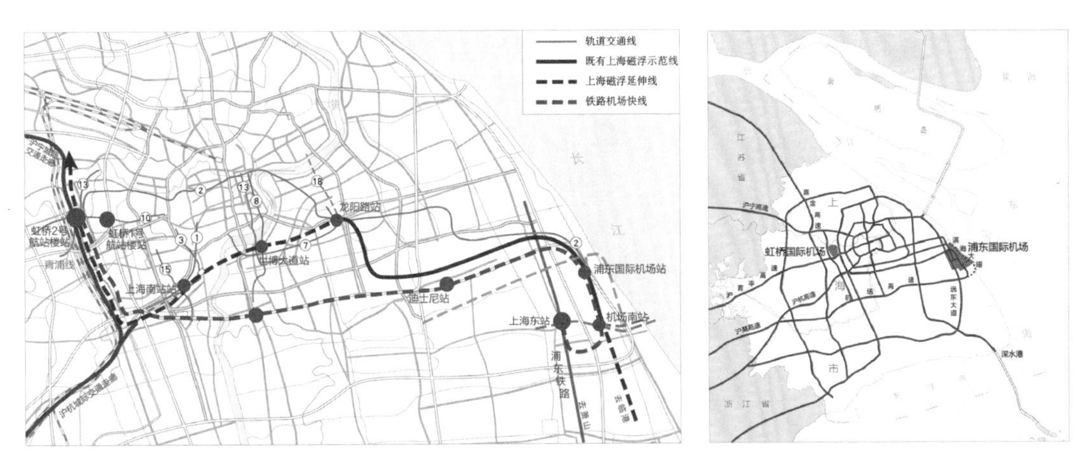

> **图 5** 上海两机场之间轨道交通和快速道路系统规划

连接世界各地与中国的空中门户，建设成为亚太地区的核心枢纽，最终成为世界航空网络的重要节点。

上海航空枢纽的发展计划分三个阶段推进。第一阶段为准备和起步期(2003—2008 年)。客运吞吐量达到 4 900 万人次，货运吞吐量达到 250 万 t，浦东机场扩建工程基本建成，形成空港物流园区基本框架，建立 2～3 个航班波，航线网络结构基本成型。第二阶段为调整和提高期(2008—2015 年)。客运吞吐量达到 8 400 万人次，货运吞吐量达到 410 万 t，虹桥机场改造工程全面投运，浦东机场扩建设施高效运营，建立 4 个高质量航班波，航线网络结构接近世界先进水平，建成完善的综合交通体系。第三阶段为成熟和扩展期(2015—2020 年)。客运吞吐量达到 1 亿人次，货运吞吐量达到 500 万～700 万 t，浦东机场建成第四条跑道，空中交通管制达到先进水平，建立 5 个高质量航班波，航线网络结构成熟领先。

从目前的情况来看，按此计划实现的可能性很大。2010 年浦东机场的旅客量达到 4 000 万人次以上，中转旅客占 20%左右，国际旅客占 50%以上。这样的旅客构成优于国内其他机场，因此国家寄希望于上海率先建设国际枢纽机场。上述航空枢纽建设的三个阶段都有相应的考核指标。其中第二个阶段的指标要求 2015 年达到，实际上在 2010 年已基本达到目标。第三个阶段的指标要求客运吞吐量达到 1 亿人次，浦东机场建成第四条跑道，而 2012 年我们已开展第四跑道的工程建设。

上海枢纽建成的另一个考核指标是浦东机场每天有 5 个航班波(图 6)和覆盖全球的航线网络。现在我们正以每年增加 4 条长距离航线的速度建设这个网络。经过这些年的不懈努力，现在浦东机场针对非洲、南美、中西亚等过去不能覆盖的地区都有了多条航线(图 7)。

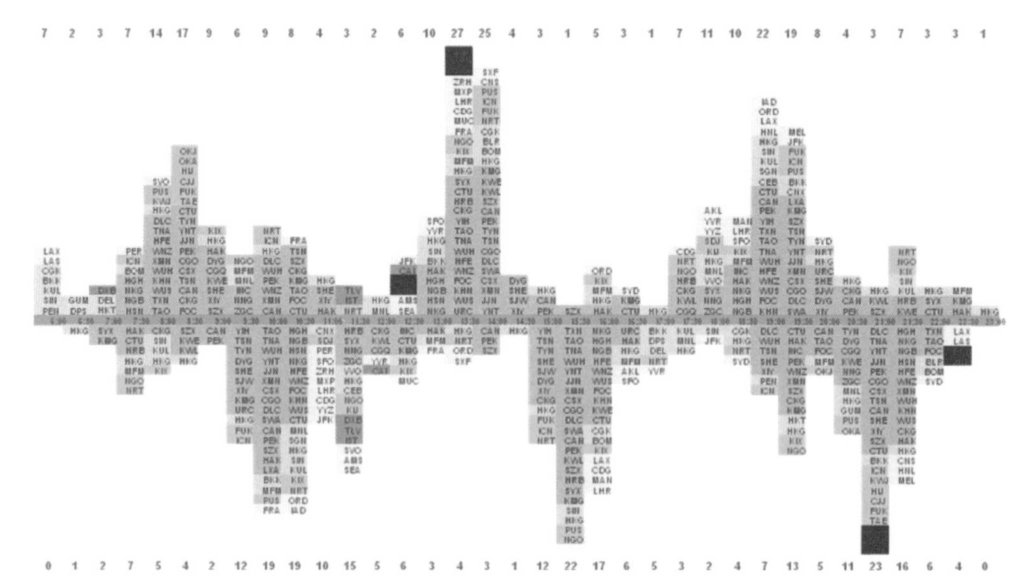

> **图 6** 浦东枢纽(建成时)的航班波

> **图 7** 上海航空枢纽建成后的网络结构

4　以上海机场为核心的多式联运

机场规划建设初期往往忽略地面集疏运系统的运输组织。旅客从一座城市乘飞机到上海之后怎样到达目的地是航空枢纽建设时必须周密考虑的。机场不是旅客的目的地，目的地在上海市内或郊区，甚至是附近的其他城市。因此，组织好以上海机场为核心的多式联运与空中的运输组织同等重要。

航空与铁路、磁浮之间需要进行联运组织，即空铁联运。虹桥机场每天大约有 10 万人次的旅客吞吐量，其中 1 万人次现在在航空和铁路之间换乘，占旅客总量的 10%。虹桥综合交通枢纽建成之前，旅客必须乘出租车或者自己开车集散，现在能够在航空和铁路这两个运输设施之间换乘。如果旅客能够在火车站办理机票，那么火车站即是虚拟的机场，很大程度上能够方便旅客。这样一来，长三角很多城市都能在一个小时之内到达虹桥机场(图 8)。

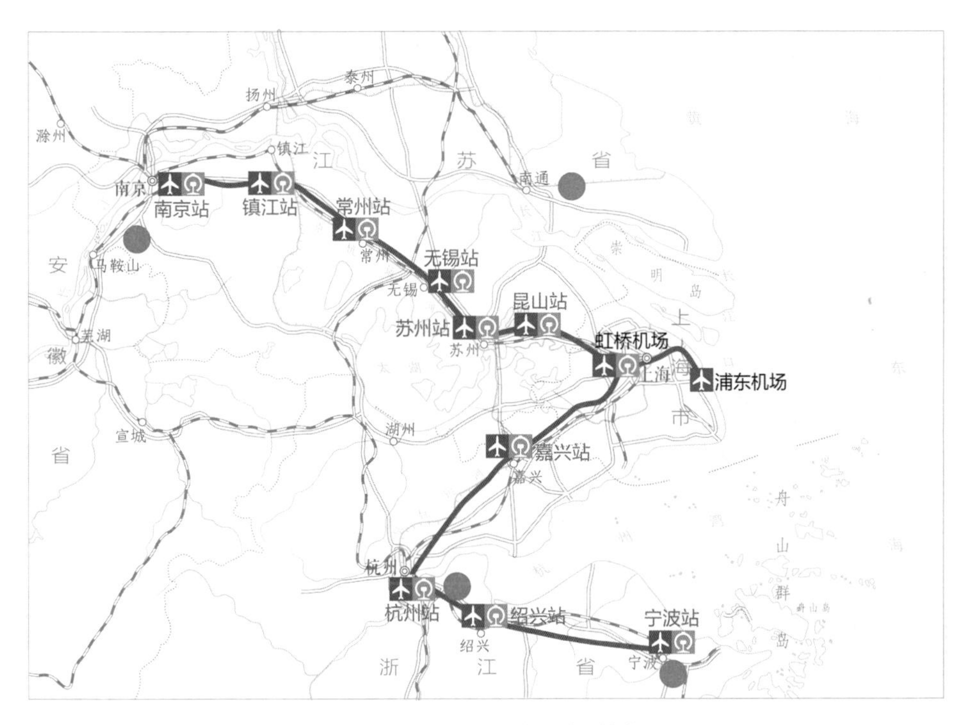

> **图 8**　以上海机场为核心的空铁联运

航空与高速公路的联运在很多地区都能见到，即空路联运。比如广东东莞的城市航站楼就提供了广州机场和深圳机场的办票服务。2011 年昆山市城市航站楼开通了国内首个异地交运行李的远程值机服务，使昆山市民在自己家门口就能办好浦东机场的登机牌。

上海机场的货运量很大，货物源于长三角和长三角以外地区。上海机场的货运功能在国内外都有很强的竞争力，最重要的原因是机场的地面运输组织很成功。过去希望新疆的货物运输像旅客运输一样首先运送到乌鲁木齐机场，再利用大飞机运送到上海机场，但是这种运输方式成本太高，速度也不快。而用卡车直接将货物从新疆运输到上海成本会更低，还较飞机运送得更快。现在我们给予每辆货车航班号，即卡车接货相当于民航接货，快速进出。这样一来，可以将全国的货物吸引到浦东机场。

上海机场在轨道交通静安寺车站设有城市航站楼，2011 年又开通了浦东机场在虹桥综合交通枢纽的远程值机。在日本和德国，有些轨道交通车站也是可以办理航空机票的。现在上海的轨道交通已经成网，2 号线、10 号线、磁浮线已经进入两机场，空轨联运的条件已经具备。将来，磁浮机场快线连接两机场后，空轨联运会变得更加方便(图 9)。

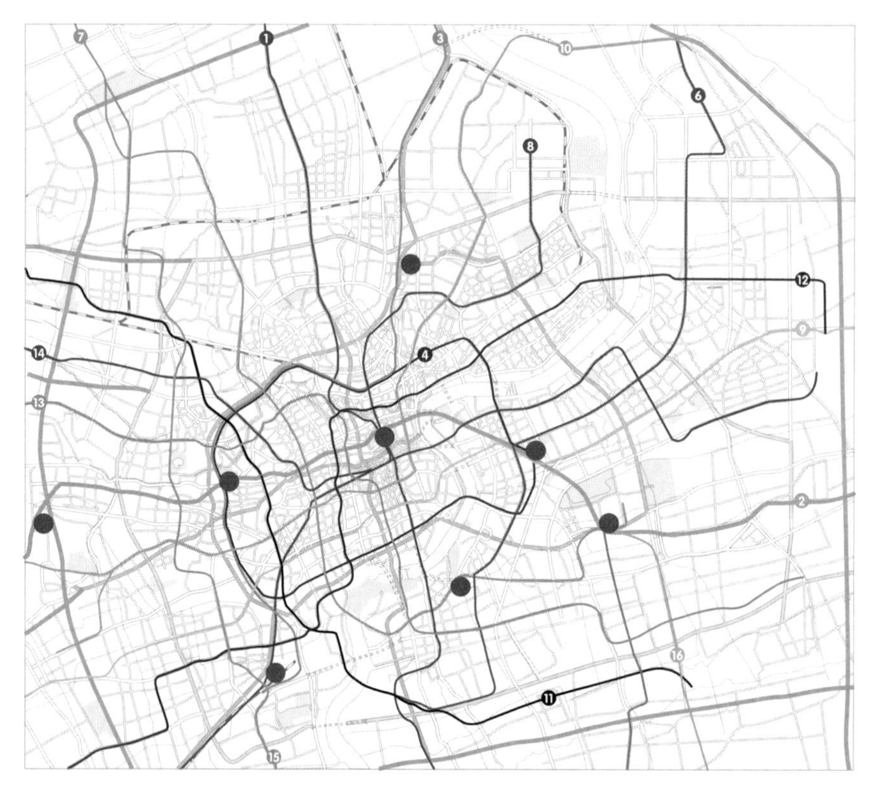

> **图 9** 上海空轨联运实施站点建议

要实施联运就必须实施远程值机。目前虹桥机场已经有浦东机场的远程值机服务，昆山也设立了浦东机场的远程值机柜台。接下来会将远程值机推向长三角各城市的火车站，使地面运输组织体系进一步完善。通过很长时间的艰苦努力，在沪宁、沪杭城际铁路和虹桥综合交通枢纽建成后，通过上海两机场与长三角交通网络的高效对接(图 10)，才能基本解决“空中飞行时间小于地面交通时间”这样一个怪问题。

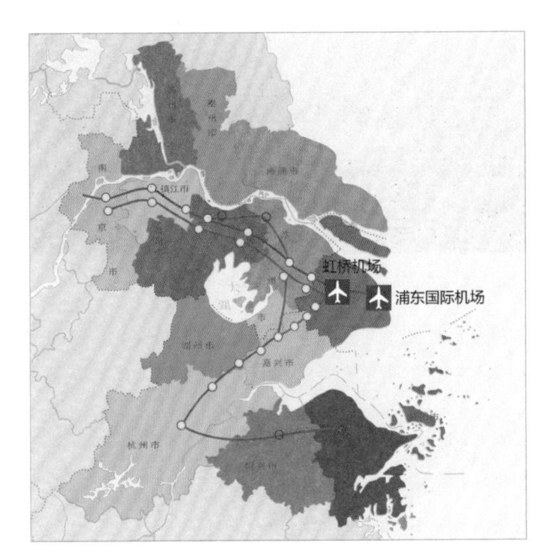

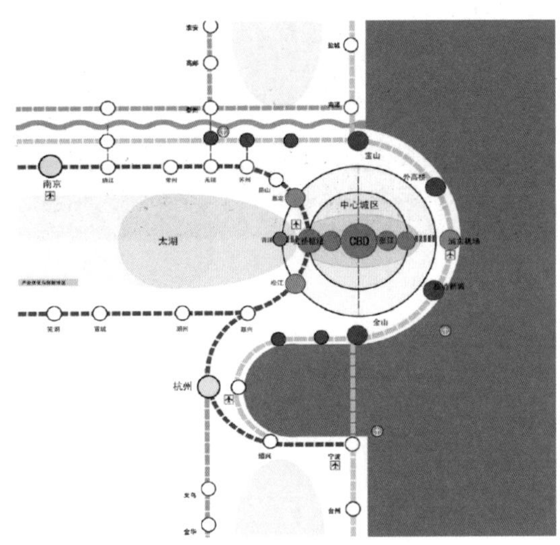

> **图 10**　上海两机场与长三角交通网络的对接

远程值机包括信息模块、自助值机模块、人工值机模块和行李模块四个模块。长三角远程值机的实施可以分四步来实施：①实施浦东机场在虹桥枢纽的远程值机(接受行李)；②实施上海市域内城市航站楼的远程值机；③实施杭嘉湖、苏锡常地区的远程值机(分为不接受行李、接受行李)；④实施长三角地区的远程值机(分为不接受行李、接受行李)。

5　机场综合交通枢纽

机场运输组织中非常重要的是空中运输网络和地面运输网络的结合点建设，即航站楼及其门前交通中心的规划建设问题。2008 年浦东机场一体化交通中心(图 11)率先建成，在国内首次实现了地铁、磁浮、公交巴士、出租车、长途车以及各种社会车辆到发和停车的一体化运营管理；实现了彻底的“人车分离、到发分离、公交优先”的人性化设计；实现了各种交通方式“信息集成、一屏发布”的便捷服务；实现了交通集散功能与航站楼值机功能、商业服务功能等的有机结合。

因此，浦东机场一体化交通中心成为其他机场建设、运营的示范，并为虹桥综合交通枢纽的规划建设奠定了基础。

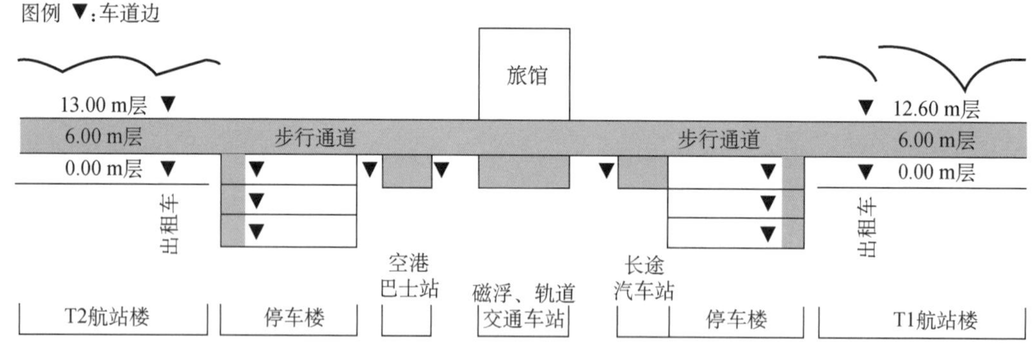

> 图 11 浦东国际机场一体化交通中心

虹桥机场是虹桥综合交通枢纽的一部分，其功能构成与浦东机场相近。虹桥综合交通枢纽的所有地面、地下交通方式都可以认为是虹桥机场的集疏运网络。这里集聚了 30 股道的京沪高铁和沪宁沪杭城际铁路车站、10 股道的磁浮车站、5 条地铁线路、50 条线路的各种巴士、1 万个车位的停车楼(场)，以及 25 万 m^2 的商业服务设施等，日处理能力超过 10 万人次的机场设施与日处理能力达 100 万人次的交通枢纽设施浑然一体(图 12)，为旅客在多种交通方式间(特别是在航空与铁路、航空与地铁间)的换乘提供了最大的便利，使长三角彻底进入上海的一日交通圈，极大地增强了上海航空枢纽服务区域经济的能力。

目前，每天有 1 万人次在空铁间换乘；在只有 2 号、10 号线地铁的情况下，机场客人已有 37%利用地铁；还有近 15%的客人利用各种巴士。虹桥机场扩建项目在公共交通优先方面获得了巨大的成功。

> **图 12** 虹桥综合交通枢纽

6 结语

我们的目标是:把上海建设成为中国连接世界各地的空中门户之一,成为世界航空网络的核心枢纽之一。

我们规划的上海航空枢纽由“两个网络＋两个枢纽”组成。空中网络用“点对点”和“枢纽—辐射”的航线,把全国和东亚纳入上海的一日交通圈;地面交通网络用高铁、磁浮和城际铁路把长三角地区纳入上海的一日交通圈；同时建设了虹桥综合交通枢纽和浦东机场一体化交通中心，实现了最便捷的、“空—地”两个网络之间的换乘。将来，还将规划连接两机场的机场快线，让浦东、虹桥两座机场实现无缝衔接。

参考文献

[1] 上海机场(集团)有限公司.上海航空枢纽战略规划[R].2004.

[2] 中国城市规划设计研究院.上海虹桥综合交通枢纽功能定位研究[R].2007.

[3] 刘武君.重大基础设施建设项目策划[M].上海：上海科学技术出版社，2010.

[4] 吴念祖.浦东国际机场总体规划[M].上海：上海科学技术出版社，2008.

[5] 吴念祖.虹桥国际机场总体规划[M].上海：上海科学技术出版社，2010.

[6] 吴念祖.浦东国际机场一体化交通中心[M].上海：上海科学技术出版社，2008.

[7] 吴念祖.图解虹桥综合交通枢纽[M].上海：上海科学技术出版社，2008.

（本文发表于《上海城市发展》2012 年第 2 期）

北京新机场与城市区域发展

2011 年，首都机场完成了 7 800 万人次、155 万 t 货物和 52 万架次的运输量。如果扩建第四、第五跑道顺利，在 5 年时间内首都机场年旅客量超过 1 亿人次已无悬念。尽快建设北京新机场已是北京经济社会发展的迫切需要，也是京津冀经济社会发展的需要，其必要性是毫无疑问的。

经过近十年的研讨，新机场选址京南的京冀交界地区基本已有了结论。现在面临的课题是：新机场的规划建设会对北京城市发展带来什么样的机遇和挑战，北京城市发展对新机场的规划建设又会提出什么要求。

1 新机场巨大的地面交通量是对北京城市交通的挑战

一方面，北京 2010 年的机动车保有量已近 500 万辆，地铁运营里程已超 300 km，交通拥挤度世界排名位居前列，交通设施已经不堪重负；另一方面，由于北京地区不可能再新建第三座民用机场，新机场会尽可能建得大些。现在，各种方案的年旅客运输量在 0.8 亿～1.3 亿人次之间，以年均 1 亿人次计算，每天就有约 30 万人次的旅客交通量，加上在机场地区工作的关联就业人员的交通量，总的旅客交通量每天在 40 万～50 万人次，相当于北京天天都在开"上海世博会"。这对于已经非常紧张的北京交通资源来说，无异于雪上加霜。

首都机场集团对北京航空旅客量的现状调研显示，来自津冀地区的旅客量大约占 15%～20%。现在，北京与周边地区的发展水平差距较大，今后必须通过首都功能的疏解、产业布局的调整、周边各城市的再开发等，来提高各城市的经济能级，缩小这种差距。

北京现状的民航客流中有超过 80%是公务、商务旅客，包括来北京的国家机关、科研院所、大专院校和企业总部工作的客人和全国性会议的客人。根据首都机场集团的预测①，这一比例在未来不会有大的变化。也就是说，北京的航空需求是非常刚性的，这主要是由北京的"中央型"功能所决定的，与户籍人口规模的相关性远低于其他城市。这就要求北京必须要将部分中央功能向外疏解。

新机场在选址方面还面临集疏运的问题。根据首都机场的调查，北京的航空旅客 90%来自天安门以北的地区，而北京四环及其以内的交通系统现在已经非常饱和，不可能再有大的扩能，

---

① 参见中国民航机场建设集团公司《北京新机场预可行性研究报告》(2012 年 4 月)。

也就是说没有办法满足位于市域南端的新机场的集疏运需求。解决这一问题的办法是向南疏解北京的城市功能。

2 抓住机遇，启动新的北京城市发展战略研究

机场是城市的重要基础设施，一方面，它支撑和服务于所在城市的社会经济，给城市带来发展和繁荣；另一方面，它又会给城市带来巨大的交通压力和环境影响。当机场旅客量超过每年1 000万人次以后，机场就由单一的、保障城市发展的交通基础设施，变身为城市发展的火车头之一，成为城市经济发展的前沿阵地。由于北京新机场是一个超大型机场，对于北京城市规划和京津冀区域规划而言，新机场的选址就成为至关重要的决策。于是，人们自然会关注北京的城市发展战略。

北京是全国的政治中心、经济中心、金融中心、文化中心……这种城市功能的“超级集聚”，相当于北京承载了华盛顿和纽约两个大都会的功能。与这些功能集聚相对应的是北京城市空间的“摊大饼”。然而“饼”还能摊多大，这种“超级集聚”还能走多远，将决定航空量预测曲线的走向。遗憾的是现在还看不到这种“超级集聚”的拐点。事实上，这种集聚能走多远也取决于北京的城市基础设施，特别是交通基础设施能够扩容到什么程度，可以有多大的承载力。

应该以北京新机场的建设为契机，将位于北京的部分国家行政功能(部委、协会、学会等)、部分企业总部、部分科研院所、大学、驻京机构等迁至新机场周边地区，并在其临空地区建设大规模会展设施、宾馆等住宿设施，配套服务于转移至此的首都功能。由于新机场远离北京城区，与河北的廊坊、固安、永清相邻，因此可以考虑以新机场、大兴、廊坊、固安、永清为基础，在京冀交界地区的永定河两岸，规划建设一个人口在300万～500万人，以服务国内行政、经济、科技等活动为主要目标的“京畿新区”(图1)。

通过这个京畿新区的建设，希望能够达到50%以上的新机场旅客在新城完成自己的出行任务，30%左右的旅客进入北京四环以内，20%左右的旅客去津冀地区。对于首都机场也一样，50%的旅客进四环，30%的旅客去京畿新区，20%的旅客去津冀。基础上，还需要再规划建设一个便捷的新机场陆侧集疏运系统，使新机场50%左右的客人利用铁路和轨道交通集散。这样一来，就有可能做到新机场运营后基本不增加北京市四环以内的交通负荷——这其实是新机场成立的前提。

要做到机场50%左右的客人利用轨道交通集散，首先要规划建设一条连接两座机场，同时又经过主要航空旅客职住地区的轨道交通线路，并且要尽量减少车站数，提高对机场旅客的集疏

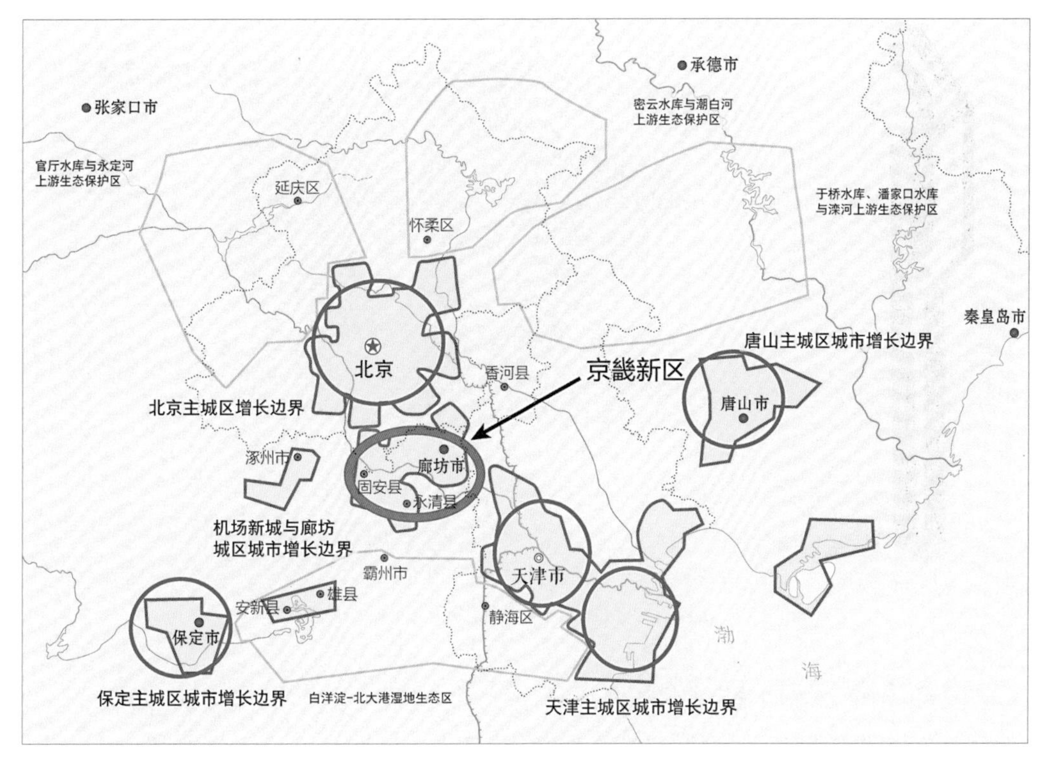

> **图 1** 规划建设京畿新区的规划设想图

运速度。其次要特别关注各车站所形成的交通枢纽的换乘便捷度，特别是机场航站楼与轨道交通车站要一体化规划建设与运营管理，提高其便捷度和舒适性。航空旅客对出行环境的要求比较高，要注意提高其交通舒适度。基于上述这两点，建议规划建设一个"一环两射"的机场快速轨道交通基础设施；只在城市中航空旅客最集中的几个地方设站；从东直门和北京南站到机场之间不设站；车辆配置充分考虑航空旅客的需求特征；提供两个不同交路的运行服务(图 2)。最后，机场应该将其服务向这条机场快速轨道交通线上的各车站延伸，在这些车站开展远程值机[①]服务，最大限度地吸引航空旅客利用这条轨道交通进出机场。

① 远程值机是指机场或航空公司在航班起降机场以外的地方提供值机服务，包括旅客办票、交运行李、信息服务、售签票等业务。民航单位会根据不同的环境条件提供不同形式的远程值机服务。提供远程值机的设施被称为"城市航站楼"。

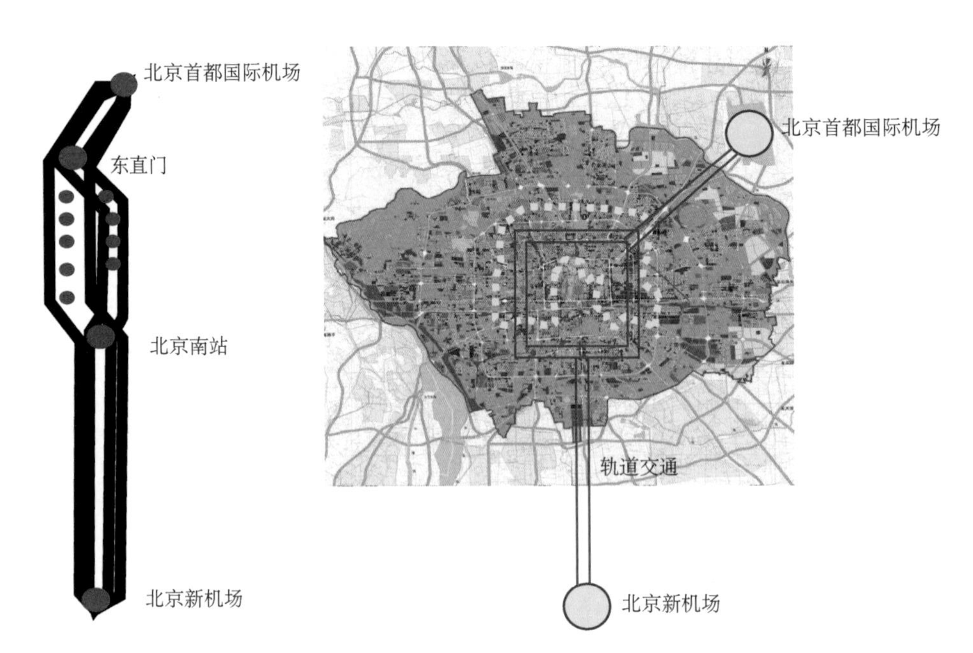

> **图 2** 北京的机场快速轨道交通规划设想图

3 再筑京津冀区域的城市和机场体系

京津冀区域发展规划是京津冀机场体系规划的依据。但是，京津冀区域发展规划和京津冀机场体系规划都处在一个没有明确指导思想和发展战略的、漂浮不定的状况。急速发展的区域经济和高速增长的航空需求，无疑要求这两个规划必须早日形成共识，能够指导建设和发展。

在过去的十年间，官方、学界和民间分别提出了许多京津冀区域发展方案。但是，北京各种城市功能的“超级集聚”和“摊大饼”式的空间发展，使这些规划都几乎成为纸上谈兵。现在，北京新机场的规划又迎来了一次新的机遇。新机场地面集疏运问题的“无解”使人们又回到“首都功能疏解”的老课题上来。只有以新机场的规划建设为契机开始首都功能的疏解，才能真正解决北京面临的交通问题。同时，也只有首都功能得到了疏解，新机场的地面集疏运难题才可能得到解决。因此建议，以新机场规划建设为契机，在京津冀地区规划建设一个全新的“大都会地区”。

京津冀区域的机场发展与上述北京的“超级集聚”一样，首都机场一家独大，整个区域的机场体系发展极不健康①(图 3)。按京津冀区域规划设想，为阻止北京“超级集聚”的进一步恶化，该

① 参见吴良镛等著《京津冀空间发展战略研究三期报告》，清华大学出版社 2011 年出版。

地区应该形成一个以首都机场、北京新机场为枢纽，加上天津、石家庄、唐山、保定、沧州静海等机场，再加上以各种政务航空、警务航空、商务航空以及各种专机、包机为业务内容的北京西郊机场的京津冀区域民用机场体系。这也许是一个比较合理、现实可行的方案(图4)。

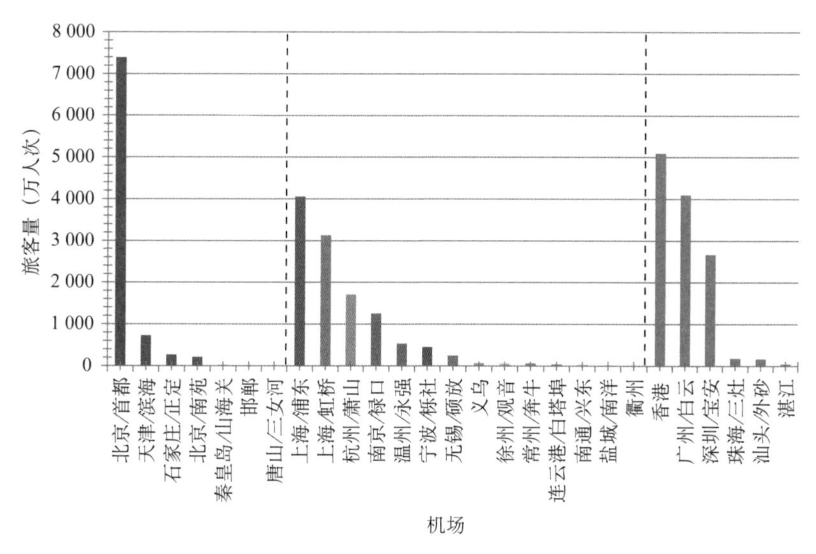

> **图3** 京津冀、长三角、珠三角机场旅客量关系比较

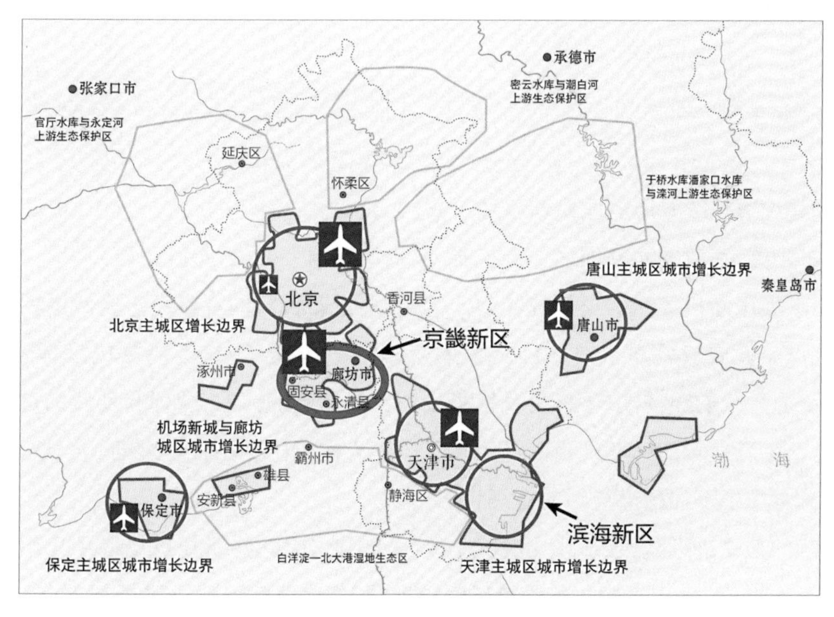

> **图4** 京津冀北部机场体系规划设想图

在这个体系中，首都机场和北京新机场可各自承担年1亿人次左右的旅客运输量；天津滨海机场、石家庄正定机场各自承担年4 000万～6 000万人次的旅客运输量；唐山、保定、北京西郊、沧州静海机场各自承担年1 000万人次左右的旅客运输量(表1)。这样，京津冀区域的机场体系就可具备约3亿人次的民航旅客运输能力，大体上与长三角、珠三角区域的规划运输能力相当。

表1 京津冀机场体系规划设想

序号	机场名称	规划运量(万人次/年)	规划跑道数
1	首都机场	8 000～10 000	5
2	北京新机场	8 000～10 000	5
3	天津机场	4 000～6 000	3
4	石家庄机场	4 000～6 000	3
5	秦皇岛机场	2 000	1或2
6	张家口机场	0～1 000	1
7	承德机场	0～1 000	1
8	邯郸机场	0～1 000	1
9	沧州机场	0～1 000	1
10	北京西郊机场	0～1 000	1
11	保定机场	0～1 000	1
	合计	>30 000	5

4 规划建设可持续发展的北京新机场

根据需求预测，京津冀北部地区的航空旅客量2030年为2亿人次、2040年为2.35亿人次。也就是说，需求大于新机场能够提供的能力。为此，北京新机场的规模设定要考虑四个方面的因素：①与北京城市发展战略和京津冀区域发展规划的一致性；②与京津冀机场体系的协调性；③地面综合交通系统的顺畅性；④机场及机场企业自身运营的高效、合理和发展的可持续性。综上所述因素，北京新机场的远期规模确定为每年1亿人次以内是比较合理的。当然，这一规模的设定已经充分考虑了下述跑道规划的合理性。

由于西侧的独立进近跑道(即：0号跑道)有专门用途，因此建议新机场采用4组独立进近的跑道[图5(a)]，中间独立进近建4条两组近距跑道，东侧建第四组独立进近跑道(即：5号跑道)。

由于新机场的空域在东北角与首都机场空域的西南角有冲突，需考虑高峰集中度、航路便捷性、对首都机场和天津滨海机场的影响尽可能小等问题，如果京津冀地区空域规划允许的话，可以将东边两组独立进近跑道中用于起飞的跑道(即:4 号跑道)规划成横向跑道[图 5(b)]。

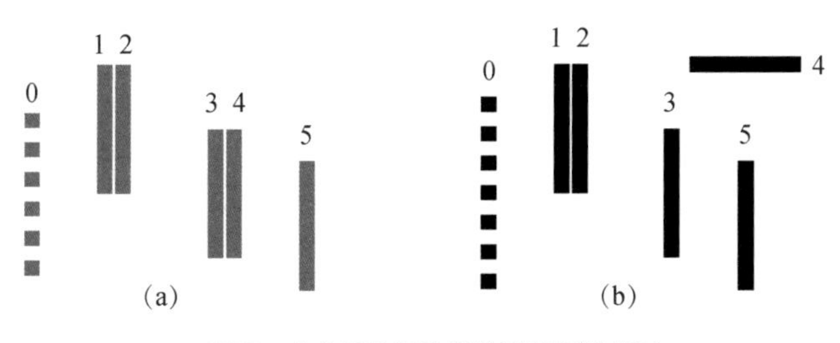

> **图 5** 北京新机场跑道构型规划设想图

中间的两组 4 条跑道是北京新机场的主跑道系统，再加上第五条远距跑道，年处理 1 亿人次旅客量是可行的，也是相对合理的。在建设分期上，建议一期工程先建 1 号、2 号两条近距跑道，处理每年 4 000 万人次左右的旅客量；紧接着的第二期工程再建 3 号、4 号两条近距平行跑道，再处理每年 4 000 万人次左右的旅客量。第三期时建设 5 号远距跑道，可以使机场的处理能力提高到每年 1 亿人次左右的旅客量。

一般来说，两组 4 条近距跑道、两条独立进近跑道，每年 8 000 万人次左右的旅客量，应该就是机场最大的合理规模了。如果再增加跑道，每条跑道的效率就会大打折扣。如果再增加独立进近跑道，就会大大增加飞机地面滑行距离，大大增加空域需求。尽管如此，理论上，一个机场建设 4 条独立进近跑道还是可能的。只是超过两个独立进近跑道的机场在土地使用、机场运行、空域资源等方面的效率一定是大打折扣的，有必要与建设两座机场的方案进行比较研究。

需要说明的是:紧凑的规划不仅仅是为了节约土地，更主要的是为了提高机场的运营效率。因此，建议新机场跑道间距尽可能压缩，近距跑道间距应控制在 380 m 以内。其他所有与运营相关的功能性设施也都应尽可能集聚，以最大限度地提高运营效率。

5 京畿新区规划设想

北京新机场的规划建设和首都功能的疏解成为京畿新区的起点和终点。于是，在京冀交界地带的集聚将带有明显的航空城色彩。京畿新区将以新机场和廊坊、固安、永清为基础，在京冀交界地区的永定河两岸发展，承担疏解出来的首都功能，逐渐连成一片，在永定河两岸形成一个

500 万左右人口的新城。其土地利用可分为：机场组团、大兴组团、廊坊组团、固安永清组团等(图 6)。

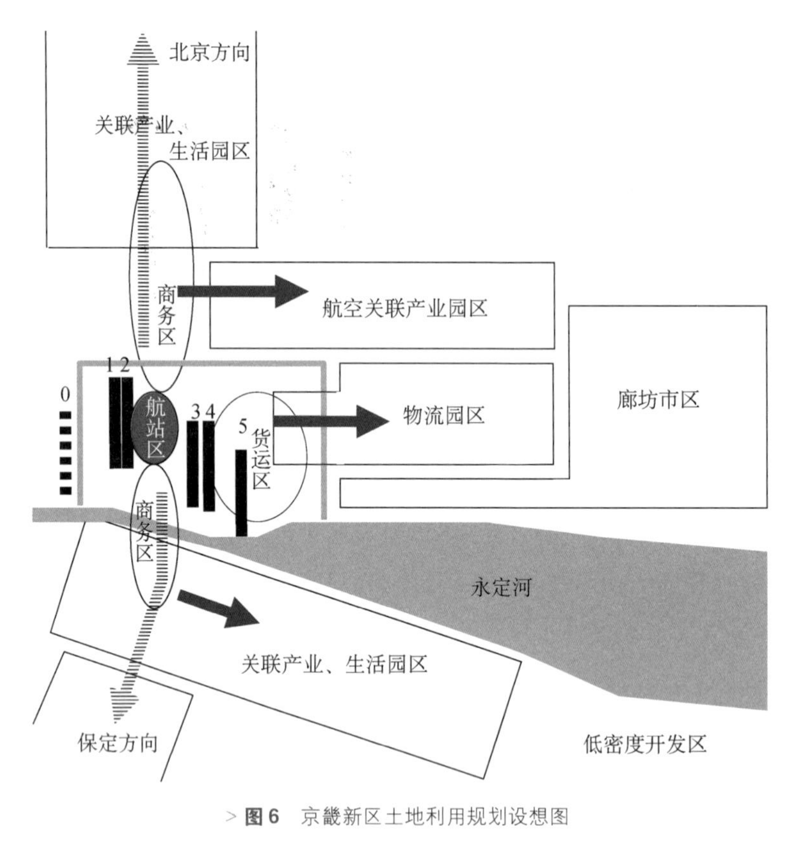

> 图 6　京畿新区土地利用规划设想图

新机场的商务区应与航站区尽可能靠近，应设置轨道交通车站。商务区可以接受北京城区疏解来的国家行政功能设施、企业总部设施、行业管理功能设施、科研院所及教育设施、会展设施、办公与住宿设施，以及与之相配套的生活设施、城市基础设施和各种商业、服务设施等。以新机场的北、南两个出入口为起点，向北京和保定两个方向，可以规划建设两个不同特色的商务区。

新机场货运区应布置在 5 号跑道的东西两侧。物流园区、保税园区规划在紧临货运区的机场东侧，廊坊与新机场货运区之间的广大地区将成为物流、产业园区发展的最好地域。保税园区应与国际货运区紧邻。货运专机多为夜间起降，因此，可以将货机相关设施规划在 3 号、5 号跑道之间，以在夜间形成一个具有两条独立进近跑道的货运专用区域。

航空公司愿意将机库与维修、配餐、地面服务、飞行保障等，以及相应的办公、仓储、餐饮、住宿设施等规划建设在一起，这是中国特色。为了满足基地航空公司这种相对独立使用土地的要求，可以将0号和1号跑道之间作为基地航空公司的多目的综合利用的土地，实施比较宽松的土地使用规制。

航空关联产业园区布置在新机场以北地区，希望能够形成一条临空经济集聚带。该产业经济带东接廊坊，西连北京南中轴城市商务区，希望它能够承接北京疏解出来的部分功能设施。

新机场南边的固安、永清应以新机场和京畿新区的开发建设为契机，全力打造京津冀区域的核心城市，打造永定河"水际新城"的亮丽品牌。京畿新区的所有生活设施、商业服务设施应沿轨道交通布置，形成以轨道交通车站为核心的"核轴式"城市结构①，区别于以道路交通为骨架的城市结构。

对于一座年旅客量超过1亿人次的机场来说，地面集疏运系统的规划一定是制约机场能力的首要因素。而对于北京来说，城市交通网络特别是道路网络的规划将是最大的挑战。京畿新区的西边界就是京开高速，东边为廊坊市区。在新城内必须建设一套完整的快速道路系统，该快速道路系统应与地面道路网分离。新机场的航站区、货运区必须有专用的快速道路贯穿。新城应与北京、天津、石家庄方向都有两条以上的快速道路联系。铁路、轨道交通规划应最大限度地方便旅客换乘，使旅客利用率大幅度提高，希望能达到50%的航空旅客到新机场时利用铁路和城市轨道交通。如果能达到这个比率，地面集疏运就不会是新机场运营的瓶颈。因此，我们建议京石城际铁路、津石城际铁路都应在航站主楼前设站；北京市到新机场的市域轨道交通应在航站主楼前设站，并考虑开行越站快车；京畿新区的环线轨道交通也应在航站主楼前设站；在航站楼前建设一个高效便捷的京津石综合交通枢纽（图7）。

这样一来，航站楼前的交通中心就成为机场集疏运系统的重点和难点，规划设计要做到"多车道边、多出入口、冗余备份""客货分离、快慢分离、人车分离、动静分离、公交优先"。要特别注意城际铁路、轨道交通等大运量公共交通系统与航站楼的便捷换乘。

6 规划建设京津冀"一日交通圈"

显然，北京新机场一旦建成就是服务于京津冀区域的。因此，新机场的综合交通枢纽应引入京石城际铁路、津石城际铁路，以及北京机场快线等快速有轨系统，便捷地联系京津冀区域的相关城市和地区。这些相关城市都应以城际铁路建设为契机建设城市内外公共交通的换乘

---

① 引自刘武君著《大都会——上海城市交通与空间结构研究》，上海科学技术出版社2003年出版。

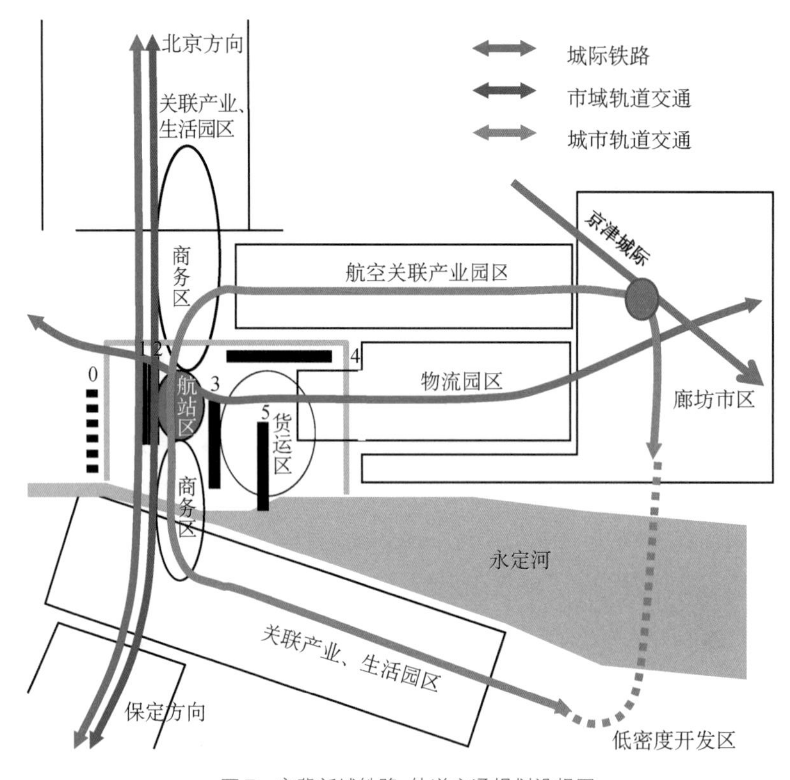

> 图 7　京冀新城铁路、轨道交通规划设想图

设施，建设便捷的综合交通枢纽，并由此在京津冀区域形成一个新的城际铁路网络和综合交通枢纽体系。这样的网络和体系将改变京津冀"一日交通圈"，带来京津冀时空体系的巨大变化（图 8）。

京津冀综合交通枢纽体系规划的目的首先是以各综合交通枢纽为节点，编制京津冀综合交通网络，拓展一日交通圈。同时也应将京津冀所有的机场综合交通枢纽纳入这一网络，通过航空运输网络将京津冀各城市的一日交通圈向全国和整个东亚拓展。

其实，开展交通规划与建设的所有努力都只是为了一个目标，那就是不断地拓展在单位时间内的出行距离。在城市中，就是要通过规划和建设不断地拓展一小时交通圈；在区域规划中，就是要通过各种交通方式的综合规划建设不断地拓展一日交通圈。这两个"交通圈"规划建设的重点就是综合交通枢纽，综合交通枢纽各种旅客换乘的便捷度和舒适度往往是成败的关键点。这需要在行政管理体制、设施投融资方式、运行管理模式，以及政策、法规、规划、技术、工程、设备等方方面面进行探索和创新①。

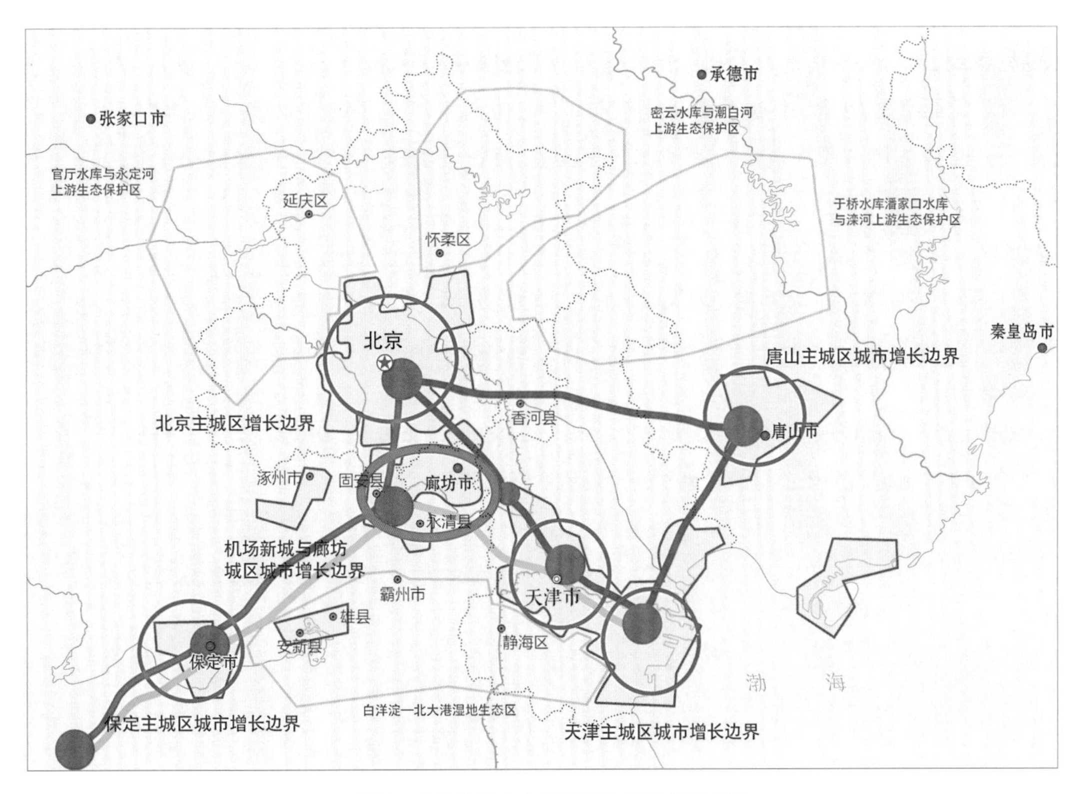

> **图 8** 京津冀综合交通枢纽体系规划设想图

7 结语

北京新机场选址于京南、京冀交界的永定河北岸，给北京已经非常困难的道路交通提出了严峻的挑战。新机场的集疏运要求若不能满足，新机场的规划建设就不具备可行性。要解决北京的交通问题，除"疏解首都功能"以外别无他法。于是，北京新机场的规划建设就成为北京启动新的城市发展战略的契机。

以北京新机场、大兴、廊坊、固安、永清为基础，在京冀交界地区规划建设一个人口在500万人以上，以服务国内行政、经济、科技等活动为主要目标的"京畿新区"；同时，北京向天津、唐山、保定疏解第二产业功能，在京津冀北部地区形成新的大城市群——这应该就是北京新的城市发

① 参见刘武君著《重大基础设施建设项目策划》，上海科学技术出版社2010年出版。

展战略之一。

在京津冀新的区域规划前景之下，京津冀的机场体系和京津冀综合交通枢纽体系的规划建设也就顺理成章。由此，北京新机场的集疏运需求也就有了保障。

由于京畿新区位于京津冀交界处，且其功能定位对京津冀区域规划至关重要，因此，建议国务院成立相应的协调管理机构，专门协调和推进北京新机场和京畿新区的规划和建设。

参考文献

[1] 吴良镛，等.京津冀地区城乡空间发展规划研究二期报告[M].北京：清华大学出版社，2006.

[2] 刘武君，等.建设枢纽功能　服务区域经济——天津交通发展战略研究[M].上海：上海科学技术出版社，2006.

[3] 刘武君.重大基础设施建设项目策划[M].上海：上海科学技术出版社，2010.

[4] 中国民航机场建设集团公司.北京新机场预可行性研究报告[R].2012.

（本文发表于《北京规划建设》2012 年第 4 期）

高铁背景下我国枢纽机场的现状及发展

世纪之交，我国机场先于航空公司接受了枢纽运行模式理念，北京、上海、广州三大机场门户枢纽已经形成。随着中西部崛起、振兴东北经济、沿边开放等国家战略决策实施，我国二线机场中将出现运量发展最快和具有可持续发展潜力的中西部枢纽机场。尽管如此，一些机场仍然面临被边缘化的问题，在联盟定位、网络结构、收益水平、国际形象等诸多方面，仍存在同质化竞争加剧的状况。同时，我国高铁快速发展改变了公众出行的时空距离，高铁不仅在速度和服务水平上较以往的铁路交通方式有了较大提升，而且具有准点率高、安全便捷、运能大等特点，这对机场的发展产生了深远的影响。但影响并非全是负面的、恶性竞争的，特别是骨干机场枢纽化建设进程中，高铁的作用也可能是正面的、协同的。

1 我国枢纽机场的定义与分类

目前，我国没有统一的枢纽机场定义，通常认为枢纽机场应该具备两个基本特性：一是具备中转功能，中转量占一定比例；二是旅客吞吐量达到一定规模，只有规模大，才能对地方经济有拉动效益，广义的枢纽功能才会显现。根据国内外机场发展情况，我们通常把机场的年旅客吞吐量达到 1 000 万人次以上的机场定义为“枢纽机场”。

关于我国机场的分类和定位，民航局曾在机场布局规划中提出，机场分为四类：枢纽机场、大型机场、中型机场和小型机场(表 1)。

表 1 2006—2020 年民航机场发展布局规划中的机场分类

类型	2010 年规划目标	2020 年规划目标
枢纽机场	7 个：上海虹桥、深圳、成都、昆明、海口、西安、杭州	复合枢纽机场：北京首都、上海浦东、广州白云 大型枢纽机场：北京首都第二国际机场、厦门、重庆、青岛、大连、南京、武汉、沈阳、乌鲁木齐
大型机场	24 个：厦门、重庆等	7 个：三亚、温州、宁波、银川、西宁、石家庄、无锡
中型机场	28 个：三亚、温州等	
小型机场	125 个	增加 32 个

机场是服务城市经济发展的重要基础设施。因此，枢纽机场的分类应与机场所在的城市、

区域在国家体系中的定位相关，取决于机场服务的对象和区域(图 1)。国家级枢纽机场定位于国家级城市群，服务对象应是全国的旅客，如北上广等国际大都市的机场，服务于京津冀、长三角、珠三角等国家城市圈；跨区域级枢纽机场，不但为本省服务，而且为周边区域服务，已经扩大到城市圈，如武汉、成都、重庆、西安、昆明机场等；区域(省)级枢纽机场，服务区域基本为省域范围，如青岛、大连机场等。香港国际机场比较特别，主要服务对象为国际旅客，它已经是国际级枢纽机场。

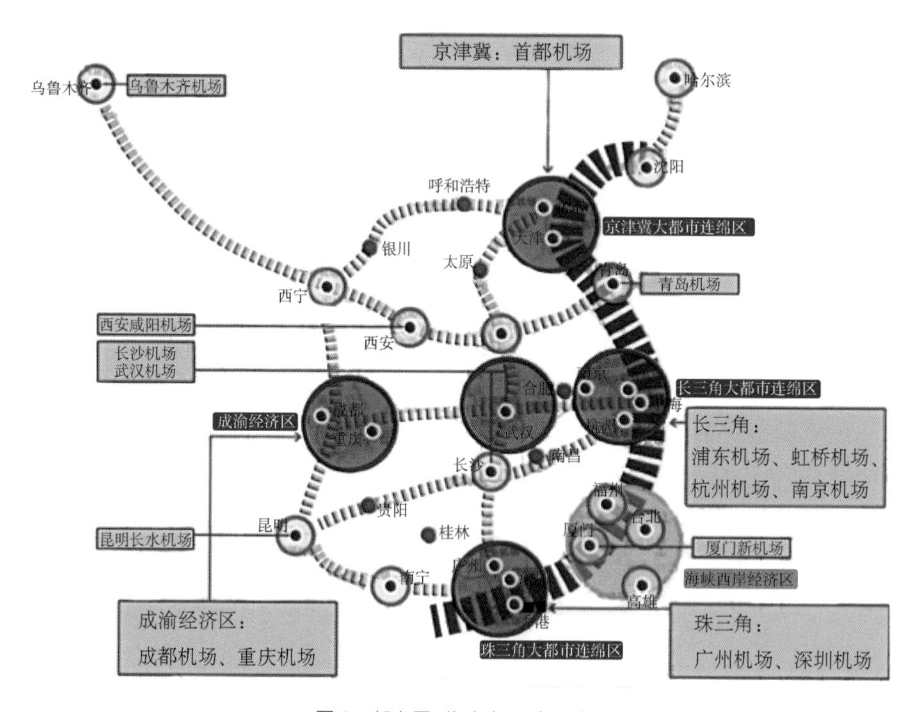

> **图 1** 都市圈、物流中心、枢纽机场

鉴于上述，我国现有的枢纽机场可分为 4 类：

(1) 国际级枢纽：香港机场；

(2) 国家级枢纽：北京首都、上海浦东、广州白云机场；

(3) 跨区域级枢纽：武汉、成都、重庆、西安、昆明、上海虹桥、深圳、杭州、北京大兴机场；

(4) 区域(省)级枢纽：其他年旅客量达到 1 000 万人次以上的机场。

2 高铁对枢纽机场影响分析

合则两利，分则两害。高铁站与枢纽机场航站楼对接，高铁在拉走旅客的同时，也会给机场带来旅客。但如果高铁站不与枢纽机场航站楼对接，高铁与机场分离，则会产生更明显的竞争关系。两者的合与分，直接影响各自发展。

高铁站与枢纽机场航站楼对接，不仅是设施的硬对接，还包括运行机制的软对接，只有实现两者的全面“无缝对接”，才能发挥互相促进作用，实现空铁联运的诸多益处。

（1）高铁有助于枢纽机场“做大蛋糕”。高铁站与枢纽机场航站楼无缝对接，实现空铁联运，有利于充分发挥高铁的大运量、快速准点的集散优势，提升枢纽机场的辐射范围，吸引来中转旅客量，将机场“一小时辐射圈”拓展到 300 km 半径范围，并提高乘机服务便捷程度，减少旅客换乘时间及中转客流对城市交通的干扰，使机场成为连通国内外、城市间的大型综合交通枢纽，极大巩固枢纽机场在城市群中的枢纽地位。如上海浦东国际机场，上海市客流约占 65%、长三角客流约占 25%、航空中转客流约占 10%。

（2）可把高铁视作枢纽机场的支线航班。高铁主要服务于国内中短途城际出行，枢纽机场侧重于国际与国内长途出行，枢纽机场可以把高铁视作枢纽辐射网络的一部分，视作支线航班。与民航相比，高铁线路 50 km 左右设置一站，500 km 线路范围内可辐射 10 座城市，呈“轴辐式”网络服务，辐射地区将成倍增加。虽然部分目的地旅客会被高铁吸引走，但两者形成的立体交通网络将提供更加丰富的出行选择，极大提高城市对外综合交通多样性、弹性与可靠性。目前，长三角依托沪宁、沪杭、沿海、沿江等主骨架高铁网，正逐步形成以上海为中心的“一小时高铁经济圈”。

（3）可更好地集约使用城市资源。规划建设空铁一体化的综合交通设施，可以集约配置机场与铁路公用的各类交通与市政配套设施，最大限度降低机场、铁路对城市的分割影响，节省土地、减少投资。如上海虹桥机场与虹桥高铁站整合建设虹桥综合交通枢纽，不仅共享了轨道交通 2 号线和 10 号线以及延安高架路、嘉闵高架路、北翟高架路等快速路系统，而且避免了对外交通设施分散造成的城市土地分割。

（4）高铁与枢纽机场的运营软对接更重要。空铁联运发展的关键，除了实现铁路与枢纽机场在基础设施上的硬对接，更重要的是建立铁路运输与民航运输全流程、一体化的运营机制，实现软对接。特别是，可发展高铁站远端值机，实现从设施衔接延伸到运营衔接，提高旅客中转便捷程度，在航班和车次上实现一体化运营。

案例：兰州中川国际机场的综合交通枢纽

兰州中川国际机场的综合交通枢纽位于T2新航站楼之前，整合了高铁、长途汽车、公交车、出租车、机场巴士、社会车辆等多种交通方式和停车设施(图2)。兰州中川国际机场的综合交通枢纽实现了各种交通方式间的无缝连接，有效地解决了中川机场区域复杂的交通问题。

> **图2** 兰州中川国际机场综合交通枢纽剖视图

高铁与航站楼之间的换乘中心总用地面积约13.47万m^2，总建筑面积为11.142万m^2，包含一座换乘中心和两栋社会停车楼。总平面设计以机场为区域核心，与T2航站楼、中川机场高铁站中心对称。换乘中心大厅内无缝衔接航站楼和高铁站，使航站楼与高铁站换乘距离缩短到百米之内；两栋社会停车楼位于高铁站西侧，底层与换乘中心通过两条商业走廊连接，方便社会车辆接送旅客。

兰州中川国际机场的综合交通枢纽投运后，迎来了一波机场旅客量的高速增长。

高铁站不与枢纽机场航站楼对接，则会在“以母城为目的地的市场”形成激烈竞争。高铁与民航的运输优势分别体现在300～800 km和>800 km，铁路提速冲击民航短途航线，随着航线距离增加，高铁运输时间增加，其优势就不明显了。据统计，在与高速铁路线路相近的通道内，运营距离在500 km左右的航线客流流失预计在50%以上，800 km左右的航线客流流失预计为20%～30%，1 000～1 200 km的航线客流流失预计为15%～20%，1 500～2 000 km及以上的航线影响较小。可见，运输时间长短是旅客出行选择中的重要因素。在3 h可达范围，高铁处于主导地位；而随着高铁运输时间的增加，民航的竞争力逐渐走强。

3 高铁对枢纽机场影响的对策建议

如果高铁站与枢纽机场分离，则在短途和中长途运输服务方面存在明显的竞争关系；如果高铁站与枢纽机场航站楼一体化规划建设，实现空铁联运，则产生 1+1>2 的倍增效果。因此，构建高铁站与枢纽机场航站楼一体化的综合交通枢纽，全面实现设施硬对接和运营软对接是枢纽机场与高铁的双赢之路。为此，需要做好如下工作：

(1) 要加强综合交通枢纽建设。旅客更加关注完成一次出行中交通方式之间的换乘时间，高效换乘越来越重要。为此，建议枢纽机场在对接多样化的陆侧交通方式时，构建以机场为核心节点，集航空、铁路、公路、水运于一体的综合交通枢纽，配套相应的换乘设施，保证客流有序地进行换乘。对于新建或改扩建的枢纽机场，应预留高铁引入机场的用地，在航站楼设计和建设时充分考虑各种交通方式的立体换乘，建设兼容各类交通设施的综合交通枢纽。

(2) 要完善枢纽机场集疏运体系。集疏运能力决定枢纽机场的发展空间。建议在构建畅通高效的综合交通枢纽基础上，建设完善的地面集疏运体系。特别是重视高速、准时、大运量的高铁运输，重点发展空铁联运，枢纽机场规划应引入高铁，将航站楼与高铁站换乘距离控制在 300 m 之内，并设专用旅客步行通道，实现空铁一体化运营。

(3) 要特别注意提高服务品质、巩固高端市场。枢纽机场发展空铁联运，基础设施和运输服务的一体化是关键。除了要实现航站楼与高铁站的紧密融合、高效换乘外，还要突破物理层面的连接，提供真正意义上的空铁联运服务，实现“一次购票、行李直挂”。建议积极推进民航、铁路在技术标准、运营规则、信息系统、服务系统等方面的全面对接；枢纽机场通过“智慧机场”建设，实现空铁联运信息系统的一体化构建，着力发展高铁站远程值机服务，始终盯住常旅客、两舱旅客、商务旅客，提高服务品质，巩固高端市场。

(4) 要以枢纽机场为骨干，建设空铁一体化的机场群。空铁一体化是支撑机场群快速发展不可或缺的重要组成部分，是实现机场群有效连通，提高整体效率，促进融合发展的重要基础。为此，建议大力推进机场群空铁一体化规划建设，支撑机场群统筹发展。应以高速铁路、城际铁路为重点，推进机场群之间快速通道的规划建设，构建以枢纽机场为核心、互联互通的立体式综合交通体系，带动机场群区域整体发展，服务机场间的交通联系，提升枢纽机场的区域辐射能力和协同发展能力。

案例：长三角的空铁一体化机场群

2018 年 1 月长三角地区(沪苏浙皖)主要领导举行座谈会，就建设长三角城市群、深化区域合作机制等议题进行了深入讨论，期间有关方面签署了《关于共同推进长三角地区民航协同发展努力打造长三角世界级机场群合作协议》。根据该协议，“各方将以提升上海国际航空枢纽功能和国际竞争力为引领，充分发挥各种交通方式的比较优势和协同作用，推动区域内各机场的合理分工定位、差异化经营，加快形成良性竞争、错位发展的发展格局，构建分工更明确、功能更齐全、合作更紧密、联通更顺畅、运行更高效的机场体系，实现到2030年建成世界一流城市群和世界级机场群的目标”。

未来的长三角机场群应该是一个“以国际航空枢纽浦东国际机场为头雁，以萧山机场、南通机场为两翼，以虹桥机场、禄口机场、合肥机场、无锡机场等为躯干，以嘉兴、宁波、台州、温州、扬州、盐城、淮安等机场为两翼的雁群状机场体系”(图3)。而这些机场之间的联系一定是以高速铁路为主的，只有这样才是最可靠的联系。

未来，长三角区域将会形成一个空铁一体化的机场群。

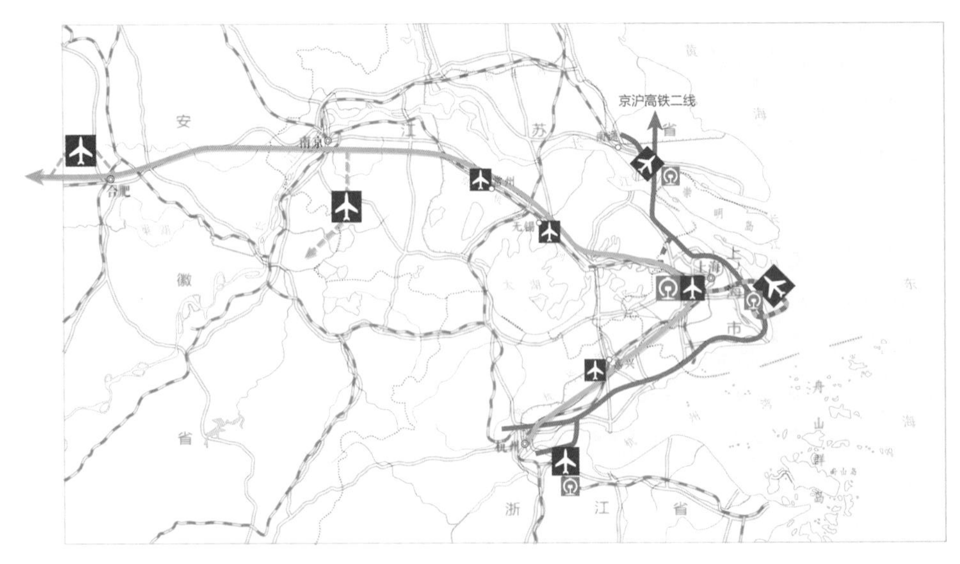

> 图3 长三角空铁一体化机场群

4 结语

根据经验，年旅客量超过1 000万人次的机场可以被称作“枢纽机场”。枢纽机场根据服务区域差异可分为国际枢纽机场、国家枢纽机场、跨区域枢纽机场和区域性枢纽机场四类。

高铁与枢纽机场既可以是竞争对手，也可以是合作伙伴，取决于是否能够共用平台，即枢纽机场航站楼是否与高铁车站“握手”。因此，航站楼与高铁站一体化是枢纽机场发展的需要。同时，高铁可以被看作是枢纽机场的支线航班，可以代码共享。高铁与民航网络一体化是一条双赢之路。

规划建设枢纽机场的综合交通枢纽、完善枢纽机场的旅客集疏运系统、提高枢纽机场的旅客服务品质，是枢纽机场市场开发的三大法宝。其中，高铁是实现枢纽机场集疏运最可靠的交通方式。同时，机场群的发展应以枢纽机场为骨干，以高铁作为连通机场的重要基础设施，大力发展空铁一体化，进而促进机场群协同发展。

参考文献

[1] 刘武君.航空枢纽规划[M].上海：上海科学技术出版社，2013.

[2] 刘艺.关于枢纽型机场空铁联运发展的研究[J].交通与运输，2016(Z1)：123-126，135.

[3] 李巍. 综合交通环境下高速铁路与民航的协同发展[J].铁路建设，2018(1)：18-20.

（本文发表于《民航管理》2020 年第 5 期）

机场“港产城一体化”发展研究

1 “港产城一体化”缘起

港产城一体化研究最早是基于海港与港口城市的互动关系研究。从几百年前大航海时代开始，海运就逐渐发展为全球贸易和经济全球化的主要物流支撑。全球财富一半集中在沿海港口城市，一座城市拥有港口就意味着这座城市拥有了经济社会发展的平台和强大的动力源。港口发展好了就会带动临港产业的发展，必然对地方经济起到支撑作用，地方经济发展了又会推动港口吞吐量上升。

1918 年，美国邮政建立了第一条定期货运航线，民用航空货运发展历程就此展开。冷战结束后，航空业赢来了一个迅猛发展的时代。与海运极为不同的是，航空货运具有超高时效，它与海运形成了市场错位。航空货运专注于价值高、时效性强的货物运输市场。经过 20 多年的发展，如今大型枢纽机场已经成为一座现代化城市经济发展的动力源，为经济发展提供了巨大的动能。现代经济和消费模式也使得航空货运在城市发展中的作用越来越凸显，航空港对产业链的带动效应也就越来越受到重视。“港产城一体化”已成为热搜词，无论是学术研讨还是行业实践，都在深度研究和关注港、产、城如何展开互融发展、如何推广和复制港产城一体化发展的成功经验。

近年来，地方政府都在致力于研究以航空港为依托，以临空产业为基础，发展涵盖航空客流、物流产业在内的城市经济。通过多年来对我国机场发展的研究与观察，我们认为航空客运商务产业、货运物流产业是城市发展的两大发动机，是能够整合各临空产业链条的动力源，这两条产业链是未来十年最值得关注、研究和深度发掘的金矿。要提高认识，坚持港、产、城互动，集各方之力量，走出一条“以港促产、以产兴城、港产城一体化”的发展之路。

2 临空产业链的整合

对于任何一座机场来说，四大临空产业链或大或小都是存在的。对于新机场、小机场来说，如何尽快地形成良好的发展势头至关重要。但是任何一座机场受其环境和各种现实因素的制约，真正有条件发展的临空产业链是有限的，四大产业链中能找到一个，甚至是一个产业链的一两个分支就很好了。绝大多数机场最早确认的优势产业都出现在货运物流产业链上，其他产业链的门槛都比货运物流产业要高。

先看航空客运诱发商务产业链，这是一个集人流、资金流、信息流于一体的高端产业链，是以白领为就业主体的产业设施群。商务产业链的发展需要相对比较大的商务旅客量，需要与城市CBD有良好的互动关系，需要有城市和区域生产总值、贸易额、外贸额等的支撑。因此对于绝大多数机场来说，形成良好的商务产业链是不现实的，多数机场只能是形成一个商业、旅行服务区，或者是一个旅客航站楼前的综合体。如果寄希望于商务产业链来带动、整合其他临空产业链的发展就很不靠谱了。

再来看航空器诱发的航空产业链，它是以机务维修和机上用品生产为主体的产业链。对于某座机场和城市来说，需要有足够大的飞行量才能启动这个机务维修产业链的规划建设。同时，飞机的维护、改拆等的产业链是一个资金要求高、技术要求高、市场风险高的“三高”产业链，不是谁都有能力组织飞机维修的，其准入门槛很高。因此不建议大家都去做。但是，在航空产业链上还有其他很多事情是可以做的，比如机上用品，特别是航空食品的生产、供给。现在很多航空公司都要带着返程食品和其他相关用品飞行，如果机上用品这个产业发展了，航空公司就不用携带返程的机上所需用品了，这肯定会降低航空公司的成本，还能使航空食品等机上用品更加多样化，形成更好的市场环境。

第三个产业链就是机场发展到一定程度后会在其所在地区聚集人口，形成生活、娱乐、文化教育等的产业链，这实际上是一个城镇发展的过程，它与机场的发展相比，一定是滞后的。因此，机场城市的出现是机场和临空产业发展的结果，而不是原动力。

最后，货运物流产业链是能够串联起上述这些产业链的，且是非常适合在产业发展初期重点开发的产业链。在机场的临空产业里，航空货运不像机务和商务那样有较高的门槛，货运的门槛很低，而且任何地方都有对物流的需求，每个机场都可以发展物流产业，都能找到适合自己的物流产业链。从这么多年我们对各大机场的规划跟踪来看，物流产业确实是发展临空产业的突破口。绝大多数机场都可以先发展货运物流产业，等到初期发展的良性循环建立起来后，再去拓展、整合更有难度的产业链。

为了集聚力量发展临空产业，小机场是不宜在发展初期就搞严格的功能分区的。过于严格的功能分区实际上很不利于集中力量快速发展。小机场就需要在发展初期把不同的功能和产业链整合在同一个区域内，这样才有利于节约管理成本、运营成本，同时也一定会提升效率。小机场还需要找准初期发展的突破口，这个突破口要便于实施，要门槛低，还要成本低。

怎么去整合产业链呢？有一个设施大家要特别重视，就是会展设施。会展是四大产业链的交叉点(图1)，它同时属于四大产业链。因此，会展设施是临空产业链整合的突破口。大家不要

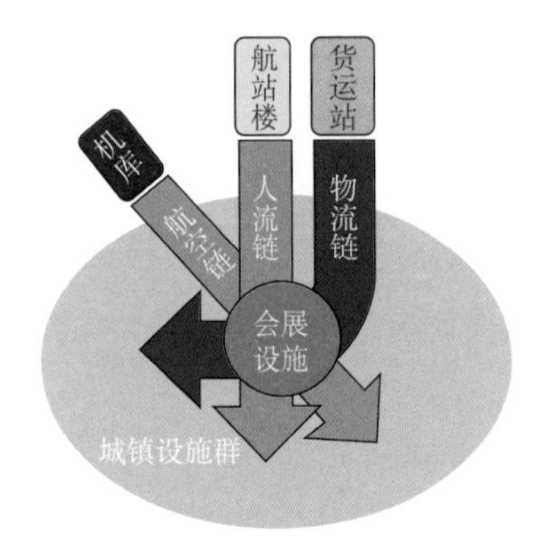

> 图 1　会展设施是临空产业链的交叉点

一讲会展就想到北上广深那些高大上的会展设施，不要认为只有发达的大城市才能做会展，其实在发展中地区也是有大量的会展需求的。如果研究本地经济特点和产业结构，让会展业面向企业的会展需求，就有无限的市场和发展空间。因为会展业也是一个门槛很低的产业，城市在不同的发展阶段都有不同的会展需求。会展设施本身在不同的时期也很不同，初期甚至在广场上就可以做，不需要太大的投入。会展设施刚起步、规模小的时候，机场应该主动寻求合作，一定要相信开放、整合带来的合力。另外，会展设施属于社会公共设施，比较容易得到政府的各种政策支持。

3　港产城一体化规划

整合后的临空产业链才是航空城空间形态规划的内涵，才是航空城规划的逻辑。因此凌乱的产业链带来的一定是一个混乱的临空地区，只有产业链逻辑清晰的时候，才可能有一个优秀的规划方案，才能指望航空城的可持续发展。

大型枢纽机场是城市经济发展的动力源，应该积极探索把机场和临空产业作为城市发展的支柱产业来建设的规划理论和方法。航空城地区的发展模型可分为三个阶段，即：1.0 时代是机场自身发展的“航空港发展阶段”，以机场基础功能设施的规划建设为主；2.0 时代是以货运物流为代表的临空产业集聚和产业链延伸、整合的港产“联动发展阶段”；3.0 时代是规模扩大、产业链打通、功能完善、城市公共设施增加、运营高效的港产城“一体化发展阶段”。总的发展趋势就是逐步走向港产城一体化，不仅仅是航空城自身的一体化，而且是航空城与城市和区域的一体化（图 2）。

现在的机场选址中有一种倾向，就是要让机场远离城区，认为机场运营对城市发展不利，特别是对飞行噪声唯恐避之不及。而对临空产业设施，往往就会单独规划使其形成一些孤独的临空产业园区。这种认识和处理办法是不合适的。应该利用临空产业，特别是货运物流产业的发展来推进周边土地开发、交通建设和基础设施建设，形成人口聚集，并与城市产业规划对接，与商业服务、文化教育、旅游服务等产业对接，把航空城变成城市的一部分，使其逐渐成为城市的核心城区之一。只有这样才能使机场和临空地区与城市形成良性互动，让城市的发展也反过来促进机场和临空产业的发展，使港产城一体化地区真正与城市融为一体，走上可持续发展之路。

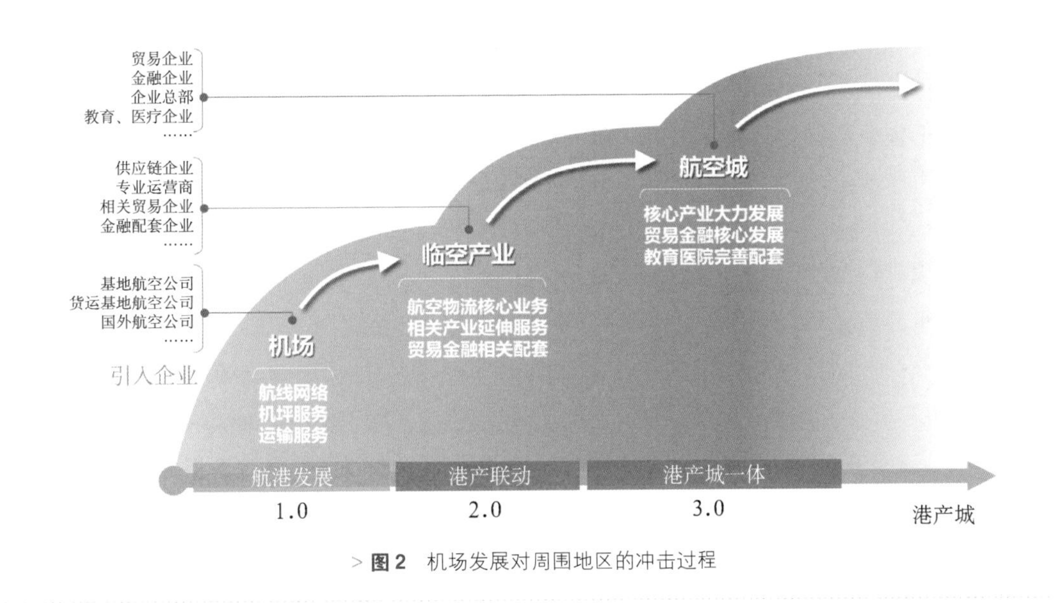

> **图 2** 机场发展对周围地区的冲击过程

因此，港产城一体化地区的规划不仅要满足地区控制性详细规划的要求，包括土地使用、环境容量、建筑建造、城市设计引导、配套设施、行为活动等的规制，而且还要满足其特有的鸟害、噪声、净空、电磁环境、烟雾与光污染五个方面的控制要素。

第一是鸟害问题。机场附近不能有大量的鸟特别是体格大的鸟活动，问题的关键是要避免吸引鸟类的植物和昆虫的存在。一般来说鸟之所以来机场，是因为飞行区地广人稀，少有人伤害它们；更主要的是哪里有吃的，它们就去哪里。因此要在控制性详细规划中规定机场及其周围地区的植物种植，要规定机场里面种的草、灌木、树都是不引鸟的植物。所谓不引鸟植物，就是那些不结果实的植物。例如，浦东国际机场大面积种植的香樟树和玉兰树就非常适用于机场，因为它们不但不结果实，本身还有一股气味，不生虫子。鸟是喜欢吃虫子的，没了虫子，鸟也就不来了。

第二是噪声问题。这需要我们在机场选址的时候就认真对待，机场总体规划中对噪声区域的开发控制是最重要的课题之一。现在国家已经有相应的控制标准，这些标准和国际民航组织的标准是一样的。机场的噪声影响范围一般都会超出机场规划用地，机场周边很大范围内都会不同程度地受到噪声的影响。因此需要城市规划与土地管理部门高度关注、严格管控。当然，解决飞行噪声问题的关键，还是要从土地使用规划和开发利用上下功夫，要积极推动临空产业的发展，让城市发展与飞行噪声影响协调起来。

第三是净空问题。机场净空环境是保证飞机正常飞行的基本要求。机场对周边地区的建筑物或障碍物的高度控制是非常严格的,越靠近跑道,高度控制越严。而这些控制要求也是依据国际民航组织的标准的。

第四是电磁环境问题。跑道两端是最主要的电磁环境管控区域,要严控电磁发射装置。对于跑道周边地区,特别是跑道两端的建筑物、构筑物的外围护材料也要特别关注,尽量不用或少用大面积金属材料,以减少对电磁波的反射。

第五是烟雾和光污染问题。一方面,传统农业地区会有"烧荒"的习惯,这在机场附近地区是禁止的,包括有些排烟的工业和食品加工业也都要回避,因为这会影响机场的能见度。另一方面,光污染也是机场规划建设中要特别注意的,一定要避免大面积使用镜面玻璃。为了减少玻璃幕墙的影响,镜面玻璃应采用较大的表面倾角,以不影响飞行员视线。要减少相关区域建筑物表面白天的反光和晚上的透光,以免产生光污染。

综上所述,"港产城一体化"是以航空港高效运营为前提,以打通临空产业链为基础,以建设高效率、人性化城市地区为目标的开发模式。

4 港产城一体化的实践

尽管多年来大家在一个个大型枢纽机场的航空城规划建设中做了许多艰苦卓绝的探索,但应该说我国的绝大多数机场还处于 2.0 时代,即港产联动阶段。下文介绍两个"港产城一体化"的规划、建设案例,一个以商务产业链为主干产业,另一个以货运物流产业链为主干产业。

上海虹桥综合交通枢纽非常有代表性,它是以商务产业链为主干,整合其他产业设施,以港促产、港产联动、产城融合、港产城一体化发展的典型案例。它从项目策划、规划研究、设计施工、运营管理、资产经营、财务管控,以及政策法规、招商引资等方面,都有许许多多的启示和借鉴,其经验教训也是宝贵的财富。

案例 1:上海虹桥综合交通枢纽地区的"港产城一体化"实践

虹桥机场原本处在城市的"盲肠"地区,2008 年的扩建规划将京沪杭高铁车站置于虹桥机场即将扩建的二号航站楼门前,并开创性地规划建设了虹桥综合交通枢纽和虹桥商务区,成功地建成了举世瞩目的空铁一体化综合交通枢纽,使这一地区一跃成为长三角 CBD(图 3)。

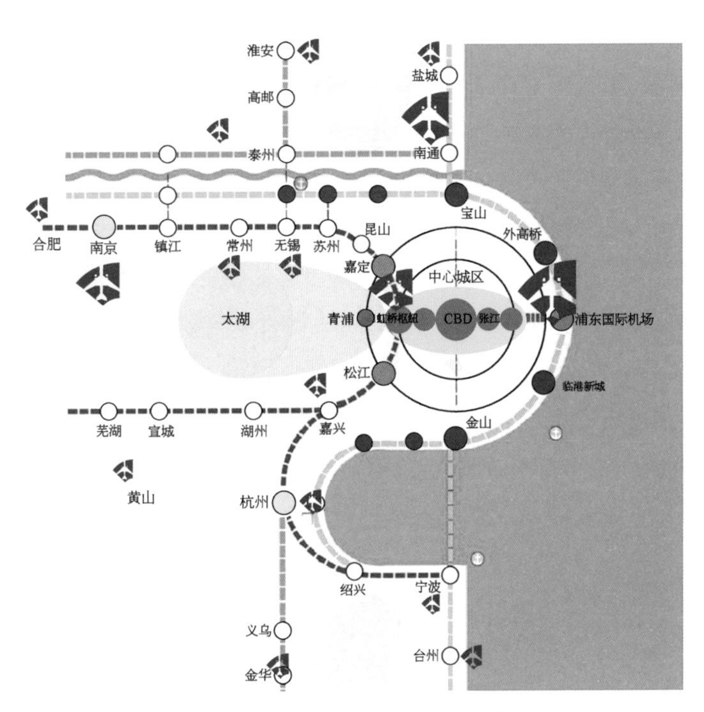

> **图 3** 虹桥综合交通枢纽在长三角的位置

上海虹桥综合交通枢纽是典型的门户型综合交通枢纽，对外交通有航空、高铁和城际铁路、城际磁浮、长途巴士，城市内集散交通包括城市轨道交通、各种巴士、出租车、各种社会车辆等。枢纽基础设施自东向西依次是二号航站楼、东交通中心、磁浮车站、铁路车站、西交通中心。整个上海虹桥综合交通枢纽日处理旅客110万人次以上。这就是我们所说的"港"，即强大的枢纽设施和高效的运营服务。

上海虹桥综合交通枢纽在规划之初就用很大投入研究了其周边地区的产业发展规律，确定在此重点发展商务产业链，规划建设面向长三角的虹桥商务区。虹桥商务区抓住了长三角交通枢纽的优势和发展机遇，围绕着人流、资金流、信息流集聚拓展产业链，有意识地吸引了总部功能、生产性服务业、金融服务业、专业服务、展览业、会议中心、酒店公寓、创意产业等，迅速集聚了一大批独具特色的企业，同时也成功地实现了"长三角CBD"的目标定位。也正是基于这样堪称优异的发展成果，中国国际进口博览会在虹桥国家会展中心成功拉开帷幕，向全世界宣示中国继续走改革开放道路的决心。国家和上海市非常重视虹桥商务产业链的发展，出台了《虹桥商务区规划建设导则》，提出了虹桥商务区在长三角一体化中发挥核心作用，服务国家战略，对标国际一流，全力打造开放的枢纽、国际化的中央商务区和国际贸易中心的新平台的定位。这就是所谓的“产”，即聚集产业设施，形成产业园区。

上海市现在已有以人民广场为中心的一个中央商务区和以陆家嘴为中心的一个新中央商务区。上海虹桥综合交通枢纽建成以后，将会进一步强化从虹桥国际机场到浦东国际机场的城市商务轴。当然，在这个轴上的产业是有一定分工的，比如浦东的金融服务、外贸服务、出口加工等加上浦东国际机场，具有明显的外向性特征。上海虹桥综合交通枢纽建成后，浦西明显地提高了上海服务长三角、服务全国的能级。过去，上海在提高内需这方面做得不够，从城市结构上看得出来，往江浙方面的辐射能力的建设一直跟不上长三角高速发展的需求。希望上海通过虹桥综合交通枢纽地区的建设能够在整个城市发展上提高辐射长三角的能级，使城市各中心相互之间形成一定的分工和错位，避免简单的同构，使城市结构得到更加平衡的发展。而随上海虹桥综合交通枢纽一起发展起来的虹桥商务区，已经在这一过程中很好地融入了上海的东西商务轴，成为上海最重要的城市门户之一，同时它也很好地融入了长三角一体化发展的大潮，成为长三角的CBD。这就是我们所说的“城”，即枢纽设施、产业设施融入城市（图 4）。

在虹桥地区，上海将上述港、产、城有机地融合在一起，完美地实现了一体化发展。

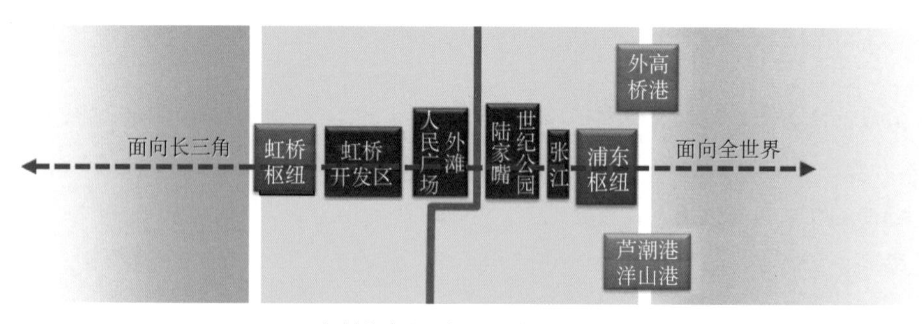

> 图 4　虹桥综合交通枢纽对城市结构的完善

案例 2：海口美兰机场地区的“港产城一体化”规划

2018 年，国家宣布海南全岛将建设自由贸易试验区，稳步推进中国特色自由贸易港建设。海口是海南省最重要的中心城市。海南岛进出岛的方式，一个海、一个天，其出入口都在海口。看看海口的总体规划图，如果把东西两个综合交通枢纽做好，公交优先做到位，就可能会闯出一条不同于大陆城市的交通发展道路。具体怎么做呢，我的建议是海口要“开启双港驱动的城市发展新时代”(图 5)。

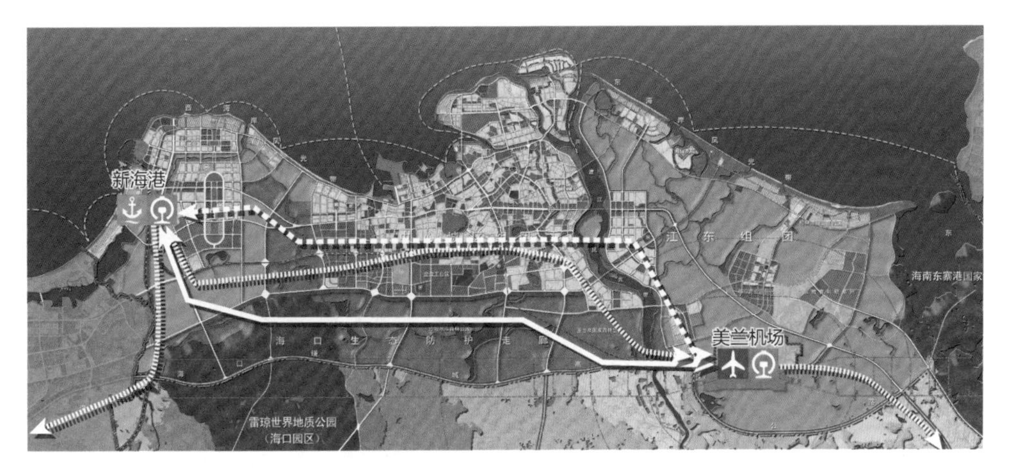

> **图 5** 海口市“双港驱动”示意图

随着“一带一路”倡议的推进,国家赋予海南的自由贸易试验区(港)发展使命不断深入,海口再次走入一个发展的关键抉择期,迎来了一个全新的历史发展机遇。这种机遇可以说是空前绝后的。于是,江东新区的发展规划应运而生(图 6)。《海口江东新区总体规划》以“开放创新、绿色发展”为总纲,将江东新区定位为“全面深化改革开放试验区的创新区、国家生态文明试验区的展示区、国际旅游消费中心的体验区、国家重大战略服务保障区的核心区”,它将贯彻落实新时代国家赋予海南的重大战略和重大决策,引领中国(海南)自由贸易试验区建设,形成我国面向太平洋和印度洋的重要对外开放门户。

美兰国际机场及其临空产业是江东新区的支柱产业,对江东新区的规划建设影响巨大。我们自始至终按照“港产城一体化”的理念开展规划工作(图 7)。海南有优越的地理位置,面向东南亚、连接北部湾,适合于发展服务于“中国-东盟”自由贸易区的区域性国际航运中心和物流中心。当地产业发展特征独具特色,生态旅游资源丰富,农渔业资源禀赋独特,是热带特色高效农业发展的宝地。另外,海南与周边地区连接渠道基本以空海为主。这些特点使得海南形成了以服务业为主导、带动工农业发展的独特模式。本次规划既要在优势资源上带动更多产业链,还要借助政策优势和区位优势补足会展产业、商贸产业,特别是要以货运物流产业带动“港产城一体化”的快速发展。

我们以航空港为核心,围绕机场客货运设施展开临空产业设施规划。美兰机场客运从中心

> 图 6 海口江东新区总体规划

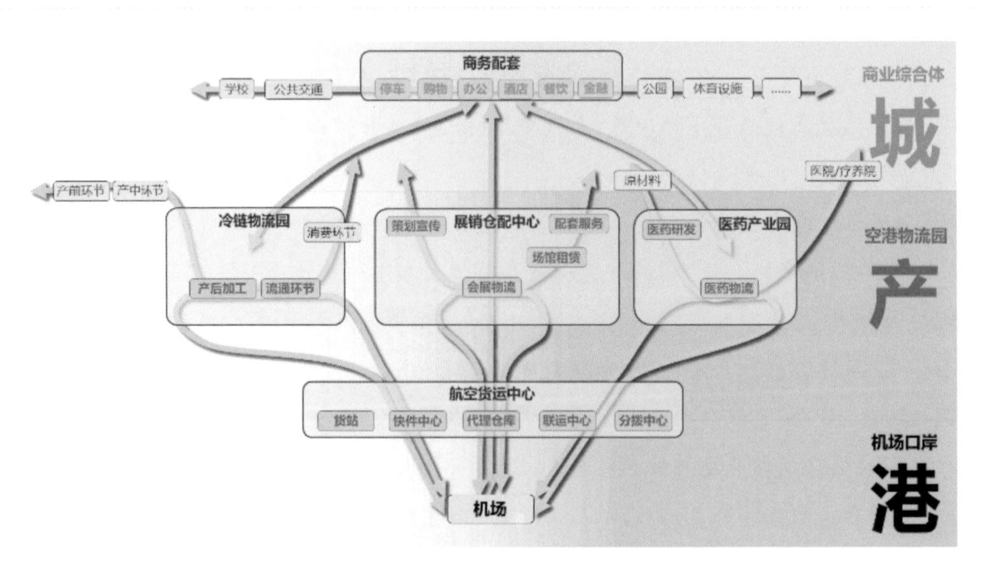

> 图 7 江东新区"港产城一体化"发展的内在逻辑

向东、西方向发展，货运布置在两翼协调发展，从而形成客货平衡发展的格局。在美兰机场，航空货运物流产业链将带动其他产业链向外拓展延伸，与江东新区连为一片。基于围绕海口美兰机场展开的"港产城一体化"规划所进行的大量基础性研究，希望最终能达到"以港促产、以产兴城、港产城一体发展的新格局"，也期盼着航空货运物流产业包括自贸港区的其他产业能够早日启动投资建设，未来能够看到"江东·美兰"模式的"港产城一体化"发展。

近期发展规划以北货运区为主体，先期拓展物流产业链、带动其北部江东新区的主城区发展，以期最终实现"港产城一体化"全面发展。具体实施方案是：首先开展美兰机场第三跑道和北货运区的规划建设，沿第三跑道北侧布置若干个不同类型的货运站，包括国际国内普货、跨境电商、快递、冷链等多个一级货运设施。其次是在货运区北侧规划建设航空物流园区，发展各种相关产业设施。最后就是物流产业园区在北侧与江东新区的城区规划建设融合为一体，即规划建设一批既与航空物流产业相关、又与城市发展需求相连的金融服务设施、商务设施、商业零售设施、会展设施、生活居住设施、文化娱乐与教育体育设施等城市型综合服务设施。

总之，通过"港产联动"和"产城融合"这样两个阶段，最终完成港产城一体化大业。

5　走可持续发展之路

1987年，在世界环境与发展委员会上，挪威首相布朗特兰在题为"我们共同的未来"报告中提出了"可持续发展"理念。该理念从环境和自然资源角度提出了人类长期发展的战略和模式，其精神实质是关注环境承载能力、强调资源永续利用。这一理念已得到国际社会普遍接受和认可。

可持续发展既是我们的目标，其实也是我们的底线。如果只关注临空产业链上的一两个环节或是某一个时间片段，则无法最终实现可持续发展。因为"片段"或"局部"的成功或繁荣都是很脆弱的，往往都是不可持续的。所以必须尽快把机场、临空产业、航空城规划的目光聚焦在"全生命周期"和"全产业链"上，在时间和空间两个维度上追求项目的可持续发展。

投建营一体化是在时间维度上对临空产业可持续发展的追求。一方面，从项目全生命周期的角度来看，临空产业链从项目策划、立项、可行性研究、规划、设计、施工，到运行、经营、维修维护、改扩建，直至废弃，各环节是环环相扣、密切相关的，其中任何环节都将对后续阶段产生深刻的影响，甚至是不可逆转的影响。另一方面，国内众多机场的临空产业发展肯定不是处于同一个发展阶段，根据自己所处的发展阶段提前规划好如何有效突破各种制约因素和发展瓶颈，以最小的代价取得最大的、可持续的发展是大家的追求。现在，绝大多数临空产业园区缺乏合格的项目法人，或法人太多，肢解了产业链。投建营一体化是处于不同发展阶段的项目法人们，解决临空产业可持续发展的终极良方。只有进一步优化项目法人制度，走投建营一体化之路，才能实现项目的可持续发展。

港产城一体化则是在空间维度上对临空产业可持续发展的筹划。临空产业链上的各种物理设施非常丰富多样，从机坪、货运站、仓储区、监管区、保税区，到各种加工生产区、综合保税区、自由贸易港区，以至生活服务区、商务区、金融贸易区等，它们都是临空产业链的一部分，彼此有其内在逻辑，相互联系密切。当然，不同的机场临空地区会处于不同的发展阶段，聚集的设施规模和内容会有所不同。但大家为了追求更好的收益和可持续发展，都会朝着整合全产业链的方向迈进，即大家都会不约而同地走上港产城一体化的发展之路。打通产业链、整合产业链、强化产业链、拓展产业链，就是临空产业的可持续发展之路。港产城一体化是航空城规划发展的目标，也是自然结局。

因此，临空产业链的可持续发展是项目全生命周期和全产业链的一体化、可持续，也就是通过投建营一体化和港产城一体化，实现临空产业的可持续发展。临空产业链可持续发展的内涵聚焦于三个方面，即环境友好、高效运营和财务状况良好。其中，最硬核的就是“财务可持续发展”，这是往往会被人们忽视的、最重要的内涵！这也是临空产业发展的终极目标，因为“一个亏本的企业是不可能提供一流服务的”！

6 结语

我们在不能全面把握事物全局的时候，会用“盲人摸象”这个词。其实盲人摸象是我们认识事物的一个过程，是我们从小到大、从局部到全体认识事物这整个过程中的初期阶段。过去，我们对于机场，无论是在投资、建设还是运营方面，都处在盲人摸象的阶段，都是在研究局部的、一定时期的机场问题。就拿机场建设领域来说，把一个机场的建设拆分成不同的阶段和不同的区块、不同的设施进行规划设计和施工安装。经过一段时间的实践，对这种区块划分和阶段划分及其管控就变得熟悉和自如起来，于是就会把这些项目做得越来越大。比如，开始有了航站楼总包、飞行区总包等更大的区块划分。接下来就会考虑 EPC 的办法、总包的办法、交钥匙工程等办法。当然，社会上也出现了一批能够承担这样巨大项目的承包商。于是就会看到机场建设的发展从局部向整体、向整个机场建设管控的方向发展的脉络。机场的投资和运营也基本上是这样的发展模式。我们在盲人摸象中越摸越大，越来越能够掌握机场的全局。

中国机场经过20多年的高速发展，现在我们对机场发展的认识已基本上走过了盲人摸象这个阶段，已经基本上完成了盲人摸象这个阶段的任务，走出了认识机场发展规律的初期阶段。当前，应该跨一步进入认识的第二阶段。我把这个新的阶段的特点归纳为两个方面，那就是“投建营一体化”和“港产城一体化”。这标志着我们对机场发展规律的认识，完成了从分散的、局部的，向关联的、整体的升华。

从局部到整体，这就是人类社会认识事物的规律。我们进入了这样一个新的认识阶段，进入了这个以一体化为特征的阶段。这个新的时代要求我们必须具备对机场及其周边地区发展的、整体的把控能力。也就是说，对事物的认识必须提高到一个更高的层次。这种更高就是一体化解决问题。只有从时间和空间两个维度上一体化考虑问题，才会给我们带来更好的效率、更高的质量，才会让机场的投资、建设、运营更加贴合我们的需求。因此，这是符合机场投资、建设、运营发展规律的。只有从全生命周期和全产业链出发，以一体化为目标，我们才能做得更好，才能使我们的投资更合理、建设更优质、运营更高效。

从盲人摸象，到投建营一体化和港产城一体化，进而追求整体的可持续发展，这才是我们对机场发展规律的认识和追求。机场、临空产业和航空城，正孕育着一场伟大的变革。未来20年，让我们共同推动我国的临空产业，领世界之先，走上全生命周期、全产业链一体化、可持续发展之路。

（本文发表于《民航经济运行监测与分析研究》，2020年12月）

交通枢纽与城市

门户型交通枢纽与城市(群)空间规划

众所周知,城市具有四大功能,即“城市四要素”:居住、工作、游憩、交通。但我们发现最早的聚落(比如半坡遗址)就已经具备了居住、工作、游憩三大要素。我想说的是:只有交通才是城市的核心要素,交通才是城市区别于村落的地方。

事实上,村落发展到一定规模,其内部也有交通问题。今天随着汽车、摩托车进入家庭,我们的一些村落甚至也有比较严重的机动车交通问题。进一步的研究发现,城市作为一定区域的经济中心,它的城市功能,即对经济要素的集散功能,是由其对外交通系统来支撑的。因此,城市对外交通系统对城市和区域规划来说意义重大,它才是城市区别于乡村的关键要素。

我们可以说:没有对外交通系统,城市就是一个“大村庄”!

1 门户型交通枢纽的定义和作用

“枢纽”本意是指可以解开的结,常被人们用以指事物重要或关键的部分,也指事物相互联系的中心环节。城市总是某一特定区域内的“经济枢纽”,支撑城市经济枢纽功能的就是对外交通系统,该系统又分客、货两部分,本文聚焦旅客集疏运系统。

城市对外交通系统的设施平台由“通道”和“枢纽”组成。城市对外交通枢纽,既是城市发展的起点,也是客、货进出城市的门户,因此也被称作“门户型交通枢纽”。门户型交通枢纽是城市服务区域经济的关键性设施,它的规模和能级往往就是城市能级的反映,也是城市内外交通组织化水平的反映。

门户型交通枢纽总是会集聚各种交通方式,为旅客提供最便捷的换乘服务,从而也就集聚了大量的商贸和旅游人士,为城市中央商务区、中央交流区等城市核心性设施群的形成和发展提供了可能。因此,我们必须充分利用门户型交通枢纽设施的规划建设,以此为契机同步规划建设城市新区,最大限度地发挥门户型交通枢纽的作用,使中心城市能够更好地辐射周边区域。

不同的时代都有其不同的代表性交通方式,并且会产生一批相应的城市对外交通枢纽(图 1)。今天,我国的大城市、特大城市基本上位于工业化阶段的后期和后工业化阶段的初期,航空和高铁是我们枢纽规划建设的主题。本文将聚焦于与航空和高铁有关的门户型交通枢纽。

2 城际交通系统的完善和网络化、一体化课题

随着我国高铁网络规划建设的飞速发展,我国的城市体系正在重筑之中。有些城市没能得到“高

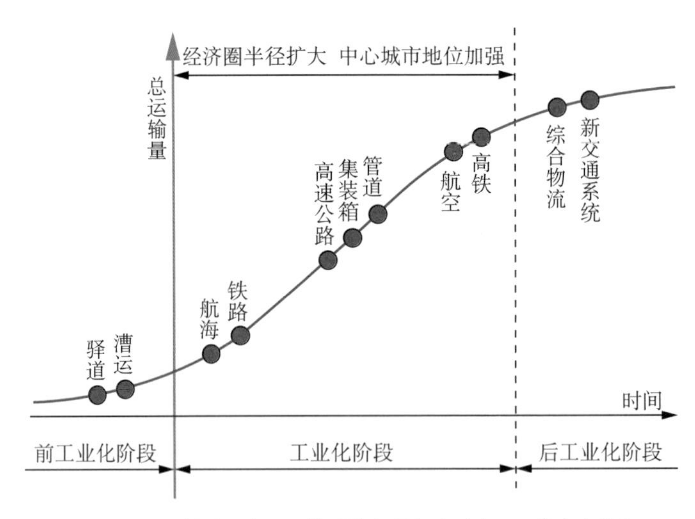

> 图 1 不同的时代有不同的对外交通方式对应不同的中心城市

铁阳光”的照耀,面临黯淡衰弱的风险。而另一批中心城市,如西安、郑州、武汉等,处于高速铁路和城际铁路的阳光之下,从四面八方汇聚过来的高速铁路,往往让决策者们不知所措。于是出现了所谓的“米字形高铁困惑”,即在中心城周边到底应该规划建设几个门户型交通枢纽的困惑。因为过多的综合交通枢纽伴随的城市发展模式(即“摊大饼”式),往往不是城市总体规划所要的结果。

民航的发展也同样令人瞩目,“一县一机场”“一市两场”“一区域多机场”的时代已经来临,机场群与城市群的课题也引起了广泛关注。今日中国,航空已经成为商务人士出行的首选,中心城市的机场规模越来越大,临空产业集聚越来越迅速,随之而来的就是机场作为门户型交通枢纽,对城市总体规划、产业布局的影响越来越大了。

因此,航空枢纽和高铁枢纽在大城市中的规划布局,对城市总体规划的影响巨大,我们应该从单个枢纽的研究转向整个城市和区域内的门户型交通枢纽网络的研究,并将门户型交通枢纽的规划布局纳入城市总体规划和区域规划,协调一致,用门户型交通枢纽的规划建设来推动中心城市发展和城市群的一体化进程。

3 高铁视角下的济南城市空间结构

由于高铁线路转弯半径大、大城市地区动拆迁成本高等因素的影响,许多高铁车站都选址在远离市中心的城市边缘地区或郊区。于是,高铁车站的规划建设就给城市的发展提出了新的挑战和机遇。城市总体规划必须修订！

综合分析已有案例，我们看到高铁车站的选址与城市的空间关系，存在以下几种模式，如图 2所示。

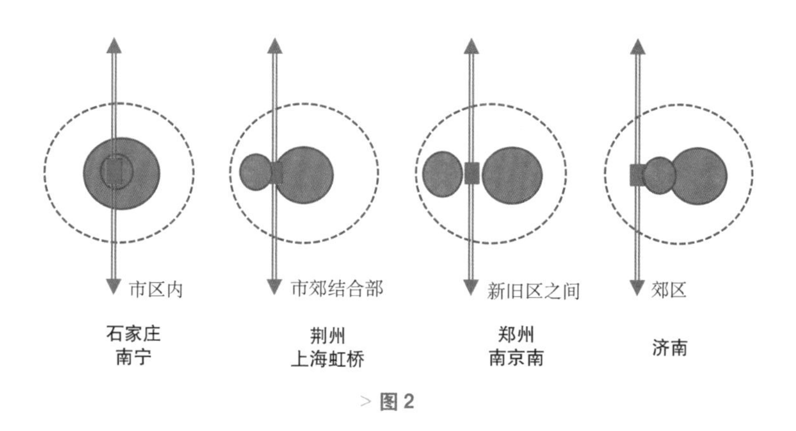

> 图 2

济南西客站的规划建设就是一个很好的案例(图 3)。当京沪高铁车站选址确定后，当地政府就抓住这一机遇在西客站与旧城区之间，规划了一个新的中央商务区及其周围一大片城市发展用地，把高铁车站离旧城区较远这个挑战，变成了一次城市空间结构调整和城市开发的机遇。

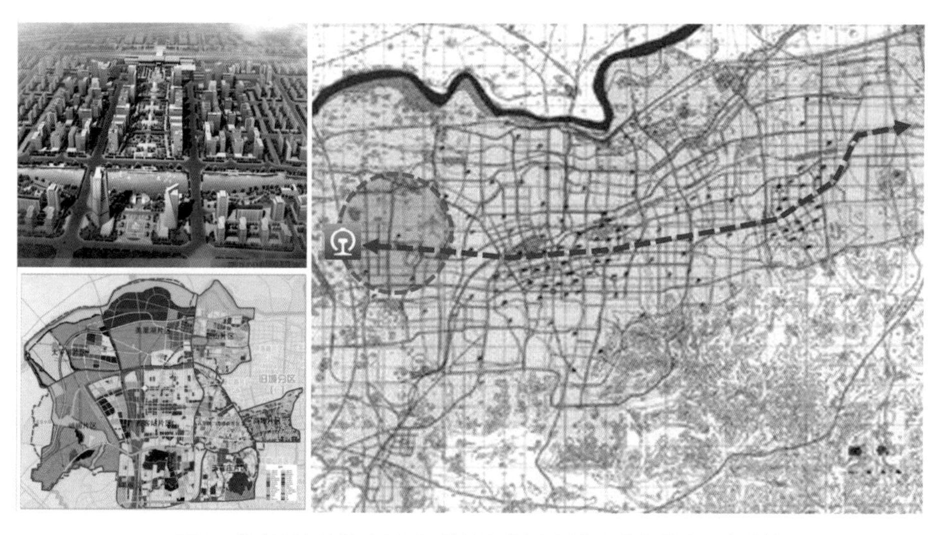

> 图 3　济南西客站带动了西区的城市发展、强化了城市的东西发展轴

4 民航视角下的大武汉城市空间结构

武汉天河机场位于武汉市中心城区的西北方向，孝感市位于天河机场的西北侧，孝感市的临空经济开发区与天河机场相邻。武汉市的东侧已经与鄂州市的葛店开发区相邻，随着鄂州国际物流枢纽机场的规划建设，一个以顺丰航空快递转运中心为龙头的临空产业群将会快速形成并发展壮大。这会进一步加速“武鄂一体化”的进程，促进城市经济、社会和基础设施，特别是交通基础设施的进一步对接。再加上与鄂州一江之隔的黄冈市和紧邻鄂州机场的黄石市，“大武汉地区总体规划拼图”就完成了，一个巨型大都会的雏形就显现出来(图 4)。在这个巨型空间结构中，“武鄂一体化”是关键。

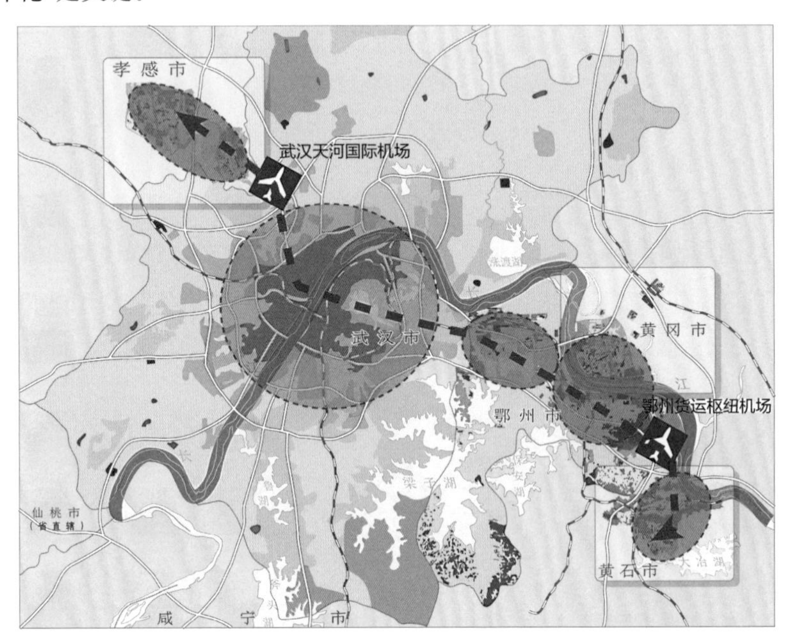

> 图 4 大武汉地区总体规划拼图

作为顺丰航空的快件转运中心，鄂州机场只要提供夜间 6 个小时的时刻给顺丰航空就可以了，白天的宝贵时刻不会闲置、浪费。武汉的天河、鄂州两机场一个以客运为主、一个以货运为主，“一市两场”的格局就此敲定下来。于是贯穿武鄂黄城区，连接两座机场和多个交通枢纽的各种交通方式都被提上议事日程，必将迅速地被规划和建设起来。因此，我们看到“一市两场”将重筑大武汉地区的城市空间结构。

鄂州国际物流枢纽机场投运以后，大武汉地区将形成“一市两场”的格局，两座机场的一体化运营就如同一架飞机的两个发动机。这对于省域经济发展和大武汉城市空间拓展来说，都是一个难得的机遇。我们应该立即着手联通“武孝城际”和“武鄂城际”，保障两座机场和区域发展的一体化，并以联通后的“鄂武孝高铁”和“长江水道”为轴，规划建设一体化的“武鄂黄黄孝”临空经济走廊，进一步对接长三角、珠三角、京津冀和成渝经济圈，使遍地开花的大武汉有一条产业上的、空间上的、思想上的“发展主轴”！

在民航视角下，大武汉地区的城市空间结构是：以武汉中心城为核心、武鄂一体化为基础、西起孝感市、东至黄石市、北括黄冈市的巨型结构体，它东结长三角、西联成渝、北上京津冀、南下珠三角(图 5)。由于武汉不靠边不靠海，连接世界就只能靠两座机场了。这也说明了机场对内陆中心城市的重要性。

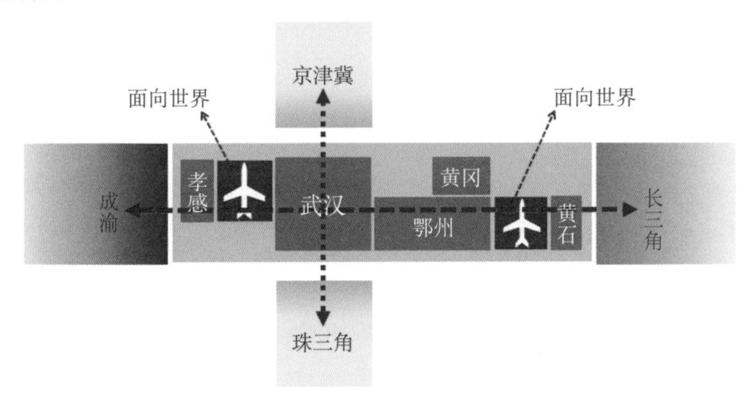

> **图 5** 民航视角下的大武汉城市空间结构

5 海铁、海空视角下的海口城市空间结构

海口城市总体规划将其城市分为三个组团，中间是中心城，也就是旧城及其扩展区；东边是江东组团，美兰机场位于该组团内；西边为长流组团，海口火车站和规划中的客运码头均位于该组团内，该火车站将来要对接来自大陆的高铁。基于上述规划，我们提出了在海口市规划建设“海铁枢纽”与“空铁枢纽”的建议；并在两个门户型交通枢纽间规划了一条城市轨道交通线；现有的铁路线在城市中设有几个车站，建议改为城市内这两个枢纽间的快线；建议再规划建设一条两枢纽间的直达铁路线，作为环岛高铁的一部分，在城市外围通过(图 6)。

现在的美兰机场已经有环岛高铁通过，并设有车站，但还不能说是一个很好的空铁枢纽。建议根据城市总体规划和周边开发的要求策划一个高效便捷、一体化、可持续的城市综合体，并带

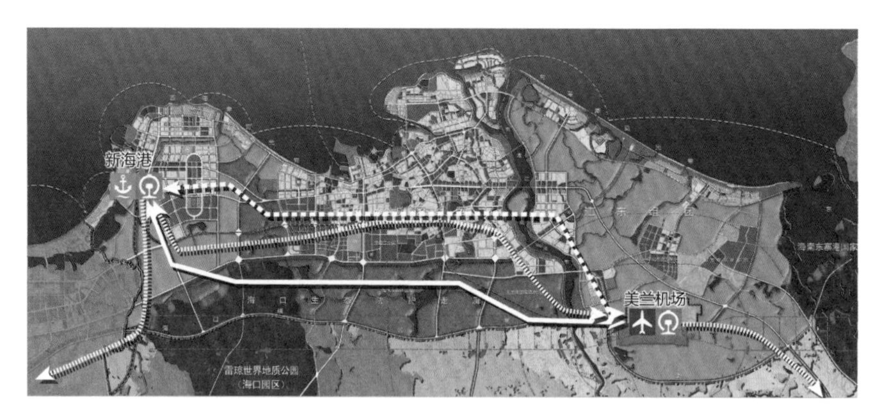

> **图 6** 海口城市规划中的海铁枢纽与空铁枢纽

动海口市的城市发展，展示城市的门户形象。

在长流组团的西部、现有火车站以西地区，结合客运码头和环岛高铁车站的规划建设，我们为海口市策划了一个世界少见的“海铁枢纽”。作为海口市、海南省的门户型交通枢纽，它集中了高速客船、滚装船、游轮、高铁、普铁旅游车、水上飞机等对外交通方式，加上城市内集散用的地铁、有轨电车、公交巴士、社会巴士、出租车、网约车、小汽车等多种交通方式，它不仅将成为海口城市交通和海南旅游发展的重要一极，而且还将带动周边，以及长流组团的发展，重筑海口市的城市空间结构。

当海铁枢纽和空铁枢纽都建成运营以后，海空视角下的海口城市空间结构就会有很大的改观（图 7）。

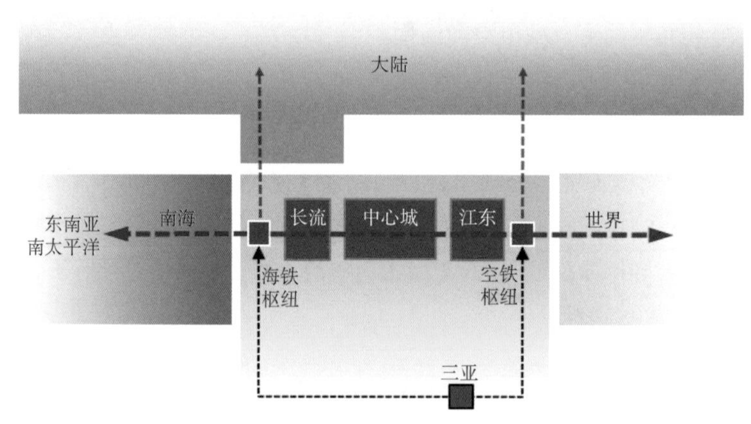

> **图 7** 海空视角下的海口城市空间结构

6 空铁视角下的上海城市空间结构和长三角空间结构

在浦东国际机场出现之前，上海市的城市发展和总体规划都是沿着黄浦江发展的，黄浦江在人们心目中一直是上海的城市发展轴(图 8 中左图)。自从有了浦东国际机场以后，情况就开始改变了，原来沿着黄浦江发展的浦东新区加快了东进的步伐，东边的土地开始贵了起来(图 8 中右图)。

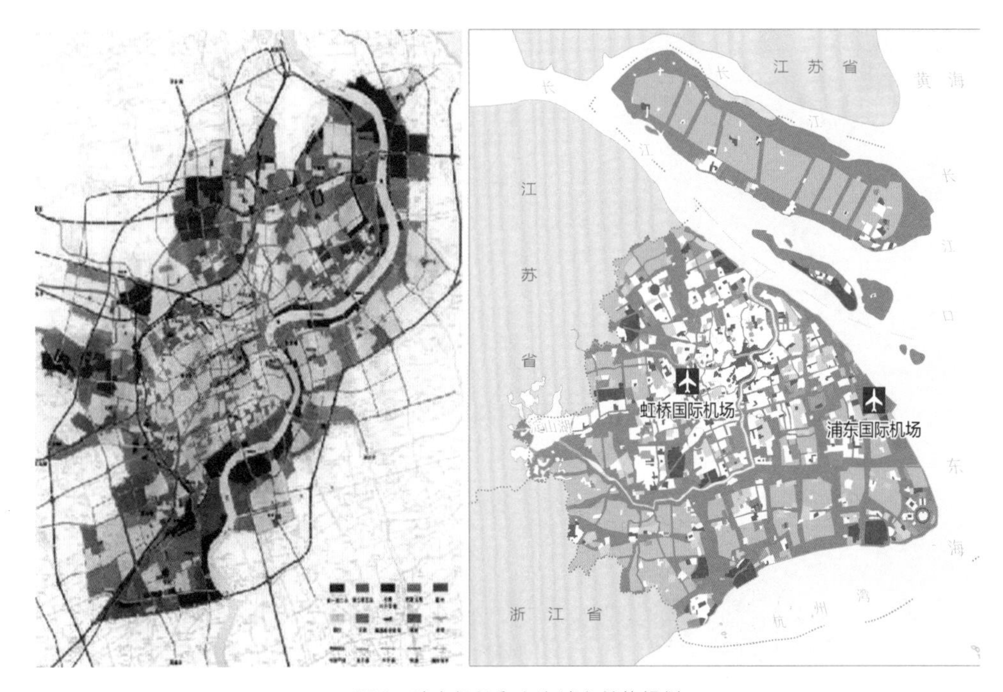

> 图 8 浦东机场和上海城市总体规划

2010 年，虹桥综合交通枢纽建成投运，开启了上海双“空铁枢纽”的时代。两个空铁枢纽所集成的交通方式是完全一样的，包括以航空、高铁、磁浮为主体的对外交通，加上城市的地铁、公交巴士、各种社会巴士、出租车、社会车辆等内部交通。

随着两个空铁枢纽旅客交通量的不断攀升，加强两枢纽间安全可靠、大运量、便捷的运输连接之需求也在不断提升。目前，两枢纽快速连接的高架道路体系已经建成；轨道交通 2 号线、磁浮示范线、铁路机场快线的改扩建和新建都在进行中(图 9)。交通轴带来了城市轴的迅速形成和强化，现在人们的脑海中，上海的东西发展轴已经明显地强于南北发展轴(黄浦江轴)了(图 10)。

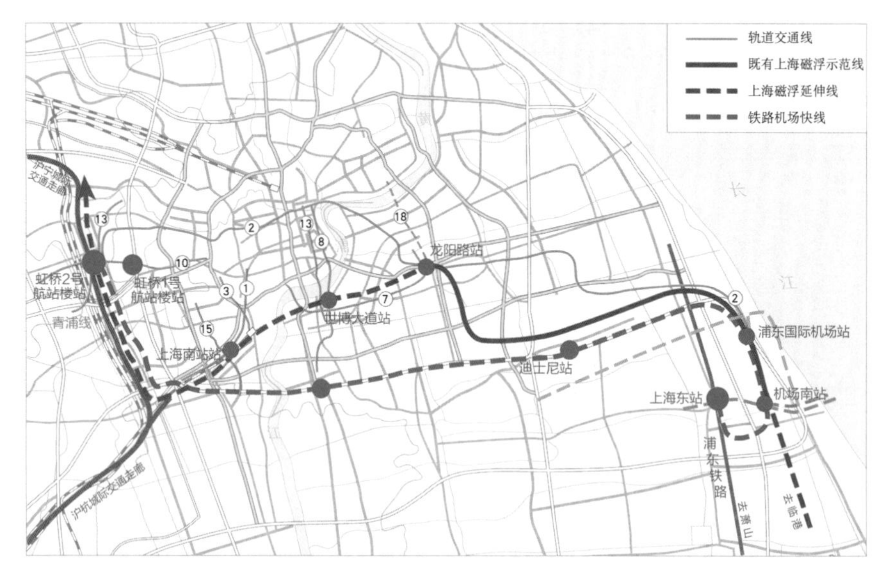

> **图 9** 上海两机场轨道交通系统联络线

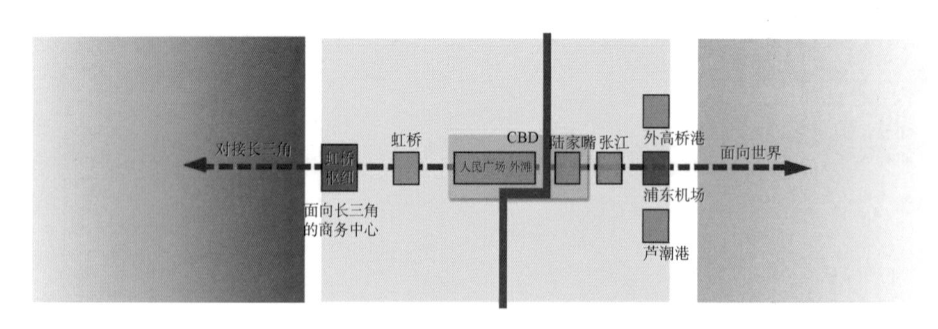

> **图 10** 空铁视角下的上海城市空间结构

城市对外交通规划，或曰区域交通网络其实就是区域规划的骨架。如今这个时代，枢纽网络特别是空铁枢纽网络的规划，已经成为区域规划的核心内容之一。现在，长三角已有多个空铁枢纽，初步形成了一个巨大的枢纽网络，已经起到了支撑长三角城市群发展的作用(图 11)。

7 用机场枢纽和高铁枢纽重筑城市(群)的空间结构

今天，我们处在民用航空和高速铁路快速发展的时代，机场、车站的规划建设必将伴随着一

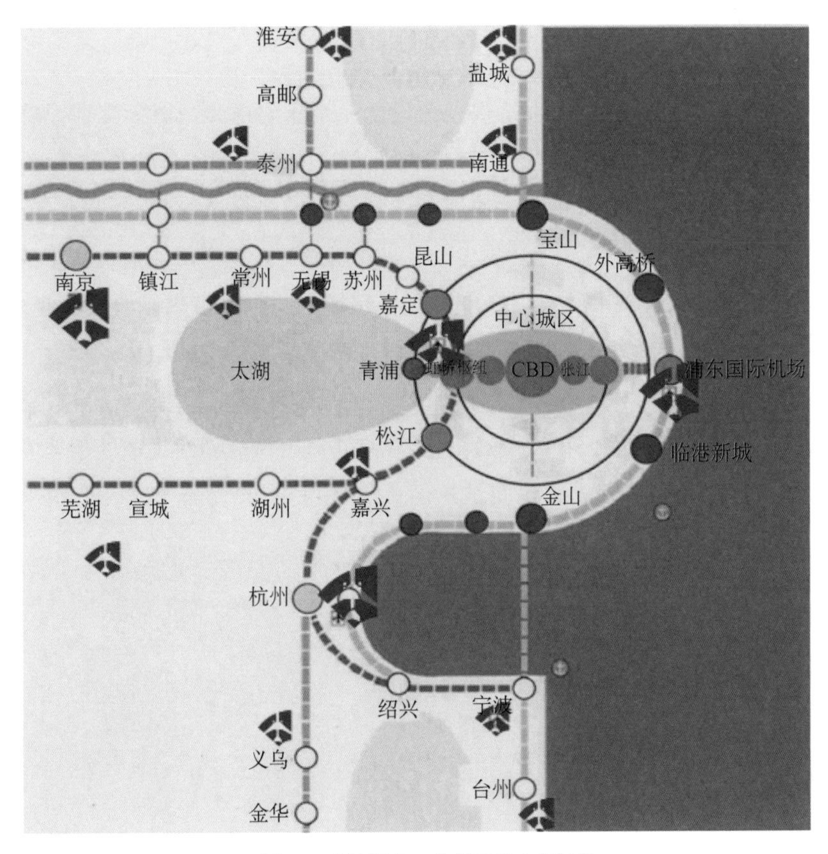

> **图 11**　空铁视角下的长三角空间结构

大批机场枢纽和高铁枢纽的到来。显然，这种门户型交通枢纽的大量建设，一定会给城市规划带来巨大的冲击。当然，这些机场枢纽和高铁枢纽的规划建设，又具有引导和控制城市发展的作用，也是城市总体规划实施的主要工具、平台和契机。

门户型交通枢纽的规划建设，有助于强化城市的辐射功能，提高其所在区域的经济能力。依靠航空和高铁这两大高速交通工具，门户型交通枢纽可大幅度地扩大其所在大城市的“一日交通圈”(即当日往返能达到的区域)，实际上也就拓展了大城市的辐射能力和经济圈，加速了区域经济一体化的进程。

门户型交通枢纽还可以提高公共交通的占比，从而达到优化大城市交通结构、保护大城市生态环境的目的。通过门户型交通枢纽的规划建设，我们能够实现枢纽内城市对外交通(空、铁、海)与城市公共交通,特别是与城市轨道交通的对接,这就使得公交优先的政策落到实处,一个高效、舒适、节能的城市综合交通系统的实现就不再遥远了。

在区域规划中,门户型交通枢纽也是规划建设的一个重要抓手。城际交通设施的一体化是城市群走向一体化的基础和平台,而门户型交通枢纽是这个基础和平台的关键节点及发展契机。

在城市规划中,门户型交通枢纽所在的地区就是城市的门户、核心商业区或中央商务区,它一定是城市发展轴上的重要节点。门户型交通枢纽的规划建设为布局或重筑城市的空间结构提供了一种方法和一次契机。城市的各门户型交通枢纽加上几个城市内综合交通枢纽,就可以锚固城市的内外交通网,锁定城市的发展轴,当然也就决定了城市的空间结构。

大城市地区和区域规划中如何摆脱"摊大饼"式的无序蔓延,一直是人们苦苦探索的课题。例如,北京新机场作为京津冀的门户型交通枢纽,在京津冀区域规划建设中处于非常核心的位置(图 12),它的规划建设是重筑京津冀空间结构的重大机遇,有必要给予其一个科学的定位。虽

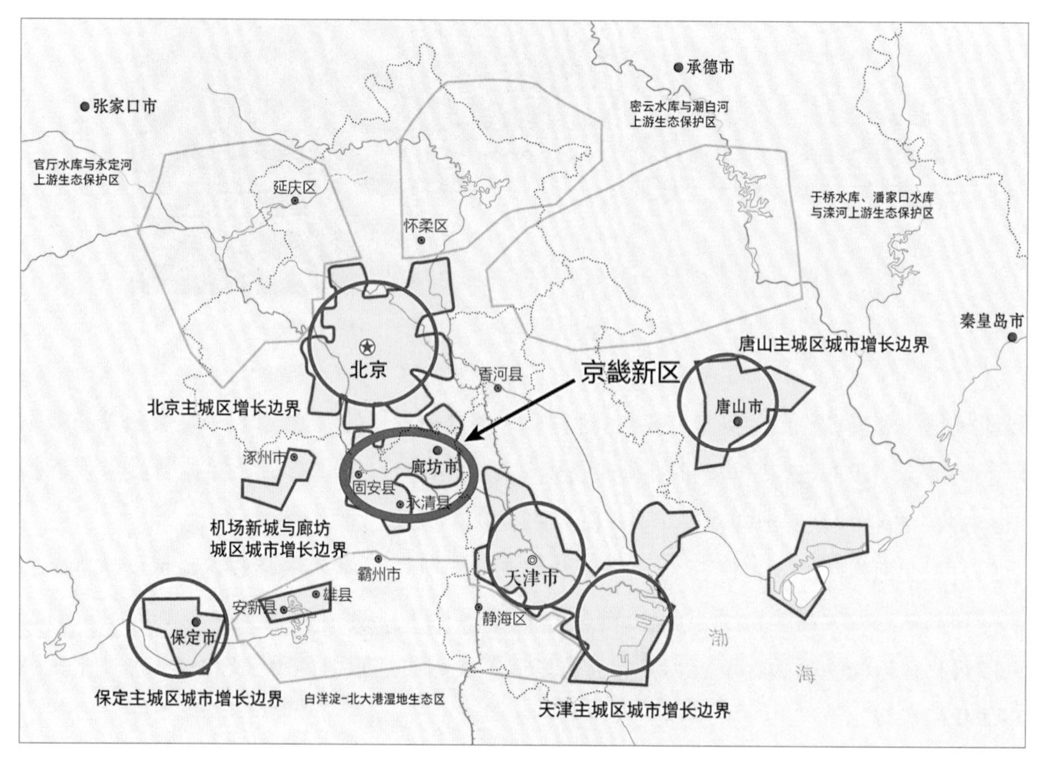

> 图 12 北京新机场与京津冀空间规划

然会有不同的意见，但是我以为以下几点应该是没有太大争议的：它是一个规模宏大的空铁枢纽，是京津冀的门户型综合交通枢纽，是京津冀城际铁路网中的最重要节点之一，是京津冀最核心的枢纽机场之一。我们可以用这几条去指导、审查这个门户型交通枢纽的规划建设和运营管理，看看它是否能够发挥其应有的作用。其实，京津冀已经有了十多座机场，它们都会被规划建设成为不同形式的门户型交通枢纽。它们各自怎样定位，它们在京津冀城市群中应该形成一个什么样的机场群和门户枢纽群？这是必须回答的。但无论如何，要解决京津冀每年3亿人次以上航空旅客的运输和城市门户枢纽的问题，仅靠一两个核心机场枢纽来完成肯定是不合理的，一定是要依靠一个机场群的。

8 结语

门户型交通枢纽，在航空和高铁高速发展的今天，必将带动城市高新技术产业的发展和现代服务业集聚，我们应该给予最大的关注。

门户型交通枢纽，在城市总体规划和区域规划中，都是综合交通系统中非常重要的关键性节点和综合交通体系发展的契机。

门户型交通枢纽，可以用来锚固大城市内外交通网络、重筑大城市的空间结构、锁定城市发展轴和区域规划中的城镇布局。

（本文发表于《民航管理》2017年第10期）

以交通枢纽为支点撬动城市发展

以公共交通为导向的发展(Transit-oriented Development，TOD)模式是一种新的规划和设计策略，旨在将城市的空间拓展与公共交通枢纽紧密结合，实现紧凑、产城融合、对行人和自行车友好的城市发展。对于快速发展的中国，这样的愿景从未像今天这样重要。

1 城市交通枢纽对城市的发展带来的影响

交通枢纽是多种多样的，大致可以分成两大类，一类是门户型交通枢纽，另一类是城市型交通枢纽。交通枢纽对城市的影响是巨大的，特别是门户型交通枢纽。据传古希腊科学家阿基米德有一句名言“假如给我一个支点，我就能够撬动地球”，交通枢纽便是城市经济发展的一个支点。

以上海的两大门户型交通枢纽为例，一个是浦东国际机场枢纽，另一个是虹桥综合交通枢纽，从城市经济和产业发展的角度来看，这两大枢纽都撬动了上海经济20～30年的发展。以浦东国际机场为代表的浦东新区的开发，改革开放30多年来外向型经济发展得非常好，这与浦东国际机场枢纽的存在是密不可分的。浦东国际机场的货运量排名已是世界机场的前三名，客运量也是前十名之内。而对于虹桥枢纽，在建设的时候就希望它能够撬动未来30年的城市经济发展。目前从过去的十年来看，它对服务长三角乃至服务全国的经济发展、产业聚集等的作用都已经显现出来。所以说门户型交通枢纽对城市经济和产业来说是非常重要的。

城市型交通枢纽对城市空间的发展也是至关重要的。前面讲到门户型交通枢纽起到的是撬动城市经济和产业发展的支点作用，城市内的交通枢纽项目则起到锚固城市结构的作用。如果说门户型枢纽是对城市结构做了一个发展方向上的定位，那么城市骨架的每一个节点都是通过城市内的交通枢纽去锚固的。整体来说，对城市交通和城市空间的发展，轨道交通的锚固作用非常明显，一旦这些城市型交通枢纽形成以后，整个城市结构就稳定下来。

所以对城市来说，交通枢纽是经济、产业和空间结构的前提。实际上从城市发展的历史来看，也是这样的。几乎所有的城市都是从一个交通节点发展起来的，其实从某种意义上来说，交通和城市的发展关系是先有交通的汇集之后才有了城市。所以，城市的每一个交通枢纽都是不同的城市核心，既是这座城市产业的支撑和发展的支点，也是城市空间结构的锚固点。

2 大型TOD项目在规划选址时需要关注的几个问题

枢纽是城市结构的一个重要的引导。从选址的角度来说，TOD枢纽的选址可以分为两种。

一种是在新城。新城的 TOD 模式是用交通的发展来引导城市的发展，沿着交通轴形成城市的轴向发展模式。在这种空间发展模式下，选址时要注意把不同性质的交通枢纽紧密地结合起来，针对相关的人口、产业布局去规划城市开发，去进行整个空间的规划设计。这一类大家平时研究得比较多，看到的案例也多。

另外一种则是在已有的城区里选址。这时候，TOD 依然存在，可以定义为交通引导城市更新。其选址要特别注意两点。第一，要注意这个枢纽和已有的城市结构的关系，要与已有的城市结构、交通结构结合好。就是说新的开发不要"偏离"已有的交通节点，与交通枢纽的关系结合得好坏与否，会影响项目的成败。第二，要有相应的资源投入或资源拓展。在既有的建成区域，难就难在要有开发利益。所谓 TOD，它的落脚点是开发，是 D，必须要有充足的开发资源。举个例子，上海虹桥枢纽就是调整原有的基础设施用地的性质，一部分基础设施用地变成了商业用地，这样就有了资源上的增量，对推动项目就比较有利。如果没有增量，那项目做完以后，可能就是个义务劳动，这就比较麻烦了。如果我们做的是一个预期会亏损的项目，推动起来就困难了。

在增量这方面，除了改变用地性质以外，还有一个办法就要有新增的土地或者是新增的容积率。比如日本新宿站的 TOD，一个很重要的资源投入就是日本国铁释放了它过去占用的土地，这个有利条件就使得新宿站的开发比较容易成功。另外一种就是释放容积率，日本东京站的开发就是这样的，原来的东京站是一座古建筑，周围地区的开发限制比较严，但东京站开发时获批的容积率比较大，所以，东京站那两栋楼特别高，提高其容积率的效果很明显。

总之，旧城更新和新城开发是不一样的。旧城的 TOD 必须有新增的资源，要不然在推进过程中肯定会遇到方方面面的障碍。也就是说，仅仅优化交通设施，是谈不上 TOD 的；只有公共设施的建设，没有商业设施的开发，也是形不成 TOD 的。

3　虹桥枢纽在运营方面的成功经验

整体来说，中国在 TOD 项目的运营方面做得是不够的。上海虹桥枢纽也一样，它在运营方面取得的进步，绝大多数是在建设期间完成的。上海虹桥枢纽在运营方面最大的成功就是在建设期间充分考虑了运营的需求，与运营方进行了充分的沟通，这很重要。比如信息系统的共享，开发利益的共享，以及在运营期间商业设施、经营性设施与功能性设施之间比较融洽的关系等，都是在建设期间就已经定下来的。所以，一个很重要的课题就是建设与运营的一体化。以运营为导向的开发也是 TOD 的最根本原则之一。如果不是以运营为导向，建设完成以后运营上不好用、不合算，或者是经营上不可持续，或者是财务效果不好等，都会影响项目的成功。一个亏损的

TOD 项目,不能算是成功的项目。怎么能把它做好,运营上怎么能够高效,都很值得研究。与国外相比,我们在这方面要远远落后。其实在硬件建设方面,我们已经逐步赶上世界一流水平,但是在运营方面差得较远。

上海虹桥枢纽在运营方面的成功有几点:第一,是以运营为导向的规划设计理念。第二,是运营和建设一体化的组织机制。建设队伍里面有很多的运营人员参与,吸收了过去的运营经验,这是项目成功的一个很重要的组织保障。第三,设计上把很多经营性设施和功能性设施的实用高效作为建设的重点。不追求"高大上","好用"对于枢纽来说是很重要的。作为交通枢纽,"好用"就体现为旅客换乘方便,这在建设期间无论从技术上还是业务上都是最核心的。这也是上海虹桥枢纽成功的一个很重要原因。

具体来说,要做好交通枢纽的运营,就要实现枢纽信息系统的一体化,基础设施的一体化,以及运营管理、应急救援、安全保障措施等的一体化。这些一体化的实现就是项目成功的表现。在运营的一体化方面还有很多的事情可以做。以上海虹桥枢纽为例,如果提高运营管理水平,旅客运量可以再翻一倍,甚至翻两倍。这就是运营效率问题,我们的运营管理水平还要再上多个台阶才行。这可能比建设来得更难,而且需要更持久的努力。整个 TOD 过程里运营的经验,就是一体化来保证它的可持续。只有把一体化做好了,交通枢纽才有前景,TOD 才能可持续发展。

4 适合中国城市特征的 TOD 投融资模式

当前,虽然很多地方在投融资模式方面有新的发展,但是总体来看,在公共交通领域投融资创新发展得非常慢,尤其是新突破比较少。这有各种各样的原因。基础设施投资先期投资比较大,回收比较慢,要吸引社会投资,需要动很多脑筋。

怎样的投融资模式好?首先,以交通设施为基础的 TOD,少不了政府的介入和参与,这很重要。如果政府参与不到位,结果就是公共利益受损,这种案例很多。所以 TOD 应以政府的介入为前提,且必须是大力度的介入。同时,还要更大规模、更多的途径引进社会资本。要解决这个问题,一个很重要的工作就是要对 TOD 项目的设施、TOD 项目包含的资产进行区分。TOD 项目里面有各种各样的资产,对不同的资产进行区分之后,针对不同的资产就会出现不同的融资方案、投资方案。如果不区分,TOD 项目作为一个"庞大"的整体就很难找到投资的新舞台,很难找到能让社会资本进入的突破口。因为基础设施,特别是大型交通基础设施,投入大、回报慢,如果把基础设施各部分全部绑在一起,那整个项目投融资的舞台就比较小了,也许就只能是财政出钱和银行贷款这两条路了。

实际上像上海虹桥枢纽这样的大型基础设施,还有很多的资源是可以利用起来的。对设施和资产进行区分以后，就会发现绝大多数资产都是有可能引进社会投资的，投融资方面有很多工作可以做。目前，除了新建的枢纽项目以外，已经投入运营的综合交通设施和已经完成的 TOD 项目也可以在投融资方面做进一步的探索。可以把它们做进一步的资产区分，采用不同的 PPP 方式，引进社会资本，引进市场化的运作和经营管理。在上海虹桥枢纽，包括磁浮项目和机场项目，都做过这方面的探索。另一方面，对已有设施的改造也可以采用不同的投融资方案。比如把中间的某一部分设施拿出来改造和扩建时，可以搭配相应的资源，进行投融资的研究。

目前，最常见的也是最保险的融资方案就是特许经营。很多的公共设施现在普遍采取这种经营方式，它门槛比较低，风险比较小，是在公共交通领域里面最多见的。简单点说，就是把一部分设施拿出来做特许经营，比如上海虹桥枢纽的宾馆、停车楼、办公楼等，都可以拿出来，找到一家有经验的公司来做经营管理，业主与他签约，形成利益共享机制。第二种最常见的融资方案，门槛也不高，就是委托管理。这两种方案在经营权和产权上的变更都不是太大，比较容易做，风险比较小，见效快。这两种办法现在在公共交通，例如公交枢纽、机场、铁路领域里面是用得最多的。

在 TOD 方面，还可以做更多的创新。例如国家发展改革委提倡的 REITs，资产的证券化等，案例会越来越多、难度会越来越高，国家对这个领域的要求也会越来越高。现在大量的基础设施在政府手上，以后也不得不走投融资创新这条路了，要不然迟早会出现问题。

5 即将颁布的 TOD 团体标准对 TOD 带来的影响

TOD 团体标准《城市轨道 TOD 综合开发项目评价标准》出来以后，一定会对 TOD 这个领域有很大影响，而且可能成为一个重要的里程碑。虽然这个团体标准还不是强制性的，但是通过这一标准，起码大家有共同的起点，对话的共同语言。大家能够知道做 TOD 项目的时候，应该考虑什么样的事情。如果想要团体标准真正能够起到良好的作用，就需要有更多的实践来完善。无论如何，这个团体标准本身是很有意义的，相当于给 TOD 做了一个发展战略和规划。接下来，怎样能够让团体标准转化为大家的行动，需要通过宣贯，需要一个大家理解和统一认识的过程。可以做一些培训、宣传，配一些好的案例，用团体标准的语言词汇和思想进行案例解读，等等。而且，条件成熟时可以出一些相应的强制性的规范。不仅仅是开发商，包括老百姓都可以学习，他们买房、就业的时候，都可以照着 TOD 的指标去选，这将会是非常有趣的。

（原文发表于微信公众平台“TOD 中国”2020 年 7 月 15 日“大咖谈||刘武君：以交通枢纽为支点撬动城市发展”，本书进行了节选和调整）

建设虹桥枢纽　服务区域经济

——上海虹桥综合交通枢纽规划与运营

随着虹桥国际机场扩建工程在2010年3月16日通航、沪宁城际铁路和上海轨道交通2号线在5月1日通车、沪杭城际铁路在10月26日通车、上海轨道交通10号线在11月26日通车，上海虹桥综合交通枢纽在2010年年末已经全面投入运营。毫无疑问，这是城市规划和城市交通规划的一次“吃螃蟹”，有必要从不同的角度对其进行总结和评判。

1　虹桥综合交通枢纽的由来

沪宁与沪杭两条铁路由上海的西北与西南分别进入上海市区上海站和上海南站，在上海虹桥国际机场的西侧有一条连接沪宁、沪杭两条铁路的铁路联络线，实际是宁沪杭铁路通道。这是产生虹桥综合交通枢纽的最重要因素之一（图1）。

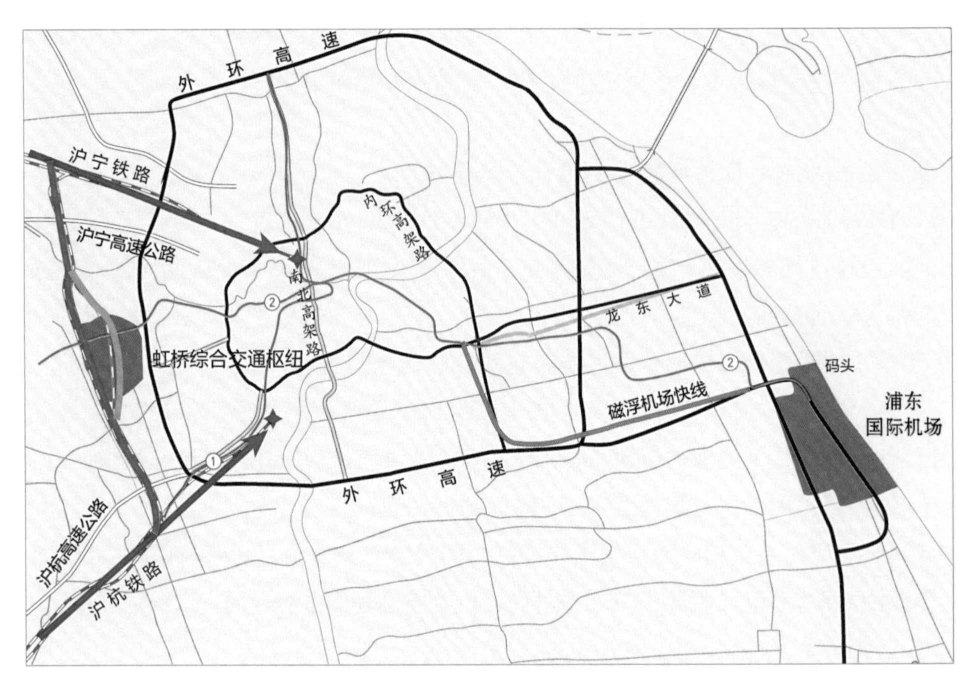

> 图1　虹桥综合交通枢纽与沪宁、沪杭铁路通道

早在磁浮 863 课题中，我们就已经提出了在虹桥国际机场西侧建设综合交通枢纽的想法。当时规划建设锡沪杭磁浮城际线，需要在上海西部选一个车站，于是我们提出了将磁浮上海站选在虹桥国际机场西侧，并将浦东、虹桥两座机场用磁浮机场线连接起来的设想。

同时，高铁上海站选在了七宝，但该站址恰在虹桥国际机场跑道的端净空内，对跑道的运行影响非常大，需要重新论证选址。

在这种情况下，上海机场集团完成了"上海航空枢纽发展战略规划"，提出了超越航空、超越上海的民航发展战略，即机场的规划不应仅考虑机场本身，还要考虑整个综合交通体系的问题。因此，我们对虹桥国际机场的规划进行了修订，将 1994 年版虹桥国际机场规划中的西跑道往东移动了 1 335 m，留出了约 8 km^2 的高铁车站建设用地和相应的开发用地。当然，磁浮车站也就选址在这里了(图 2)。

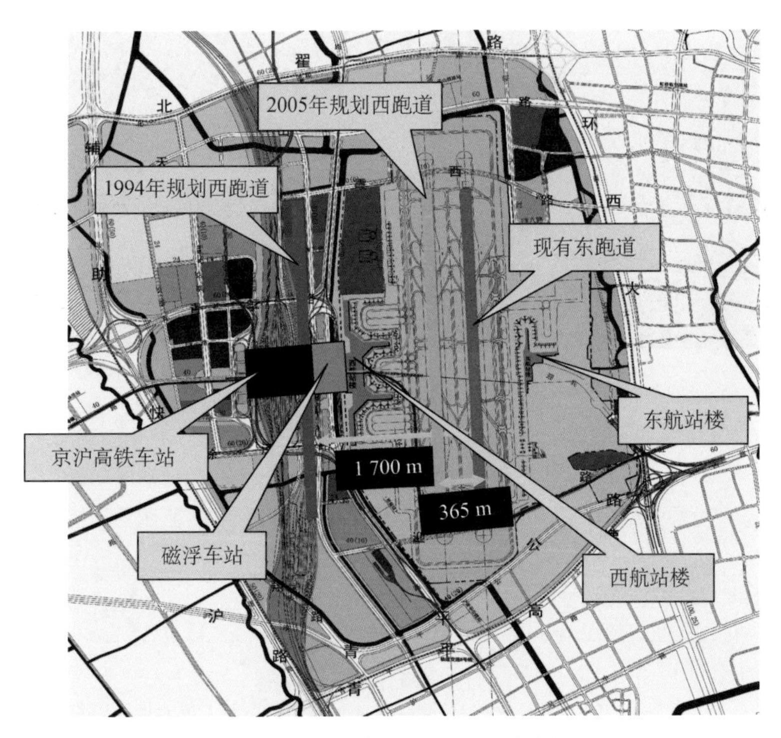

> **图 2**　虹桥综合交通枢纽设施的演变

将三大对外交通设施集中规划在一起的最大好处是资源可以集约化利用；同时也能形成一

个综合性的交通换乘中心，为城市外部交通旅客换乘城市内部交通系统提供了一个比较集中的换乘地点；同时此设施周围地区可以形成一个服务业的集聚区，成为上海服务长三角的交通和经济枢纽。

需要说明的是：在虹桥综合交通枢纽规划时，浦东国际机场的 1 号、2 号航站楼之间的一体化交通中心已经完成(图 3)，这对虹桥综合交通枢纽来说是一个很好的实验和鼓励。虽然浦东国际机场一体化交通中心的规模远小于虹桥综合交通枢纽，但其内容构成几乎完全相同。在浦东国际机场我们完成了将各种交通方式整合在一起的尝试，而且非常成功。众所周知，国内的各种交通方式分属民航局、交通部、铁道部、建设部等不同行政部门管辖，要整合各种交通方式是有一定难度的，是一个新的课题。

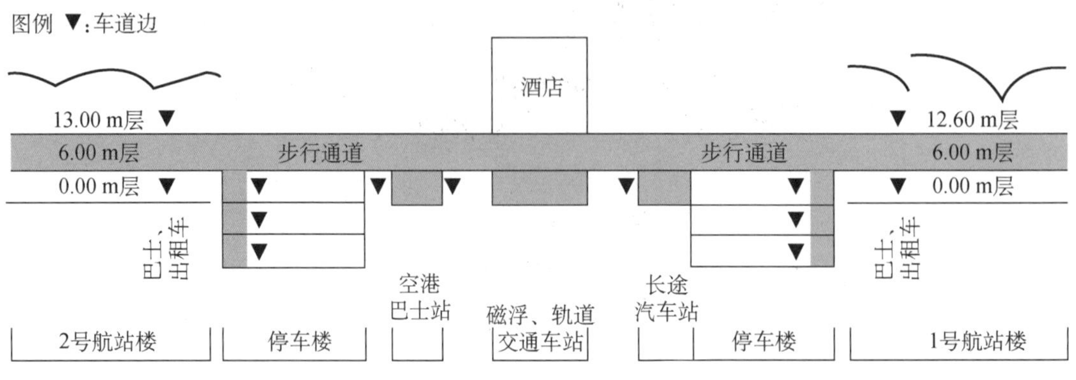

> **图 3** 浦东国际机场一体化交通中心

2 虹桥综合交通枢纽地区的功能定位

从 2003 年开始，我们花了两年多的时间来讨论虹桥综合交通枢纽的建设，认真研究了很多问题，与许多不同意见方进行了交流。2006 年年初，上海市政府才批准了“虹桥综合交通枢纽地区结构规划”(图 4)。在此基础上，我们开展了规划设计工作。

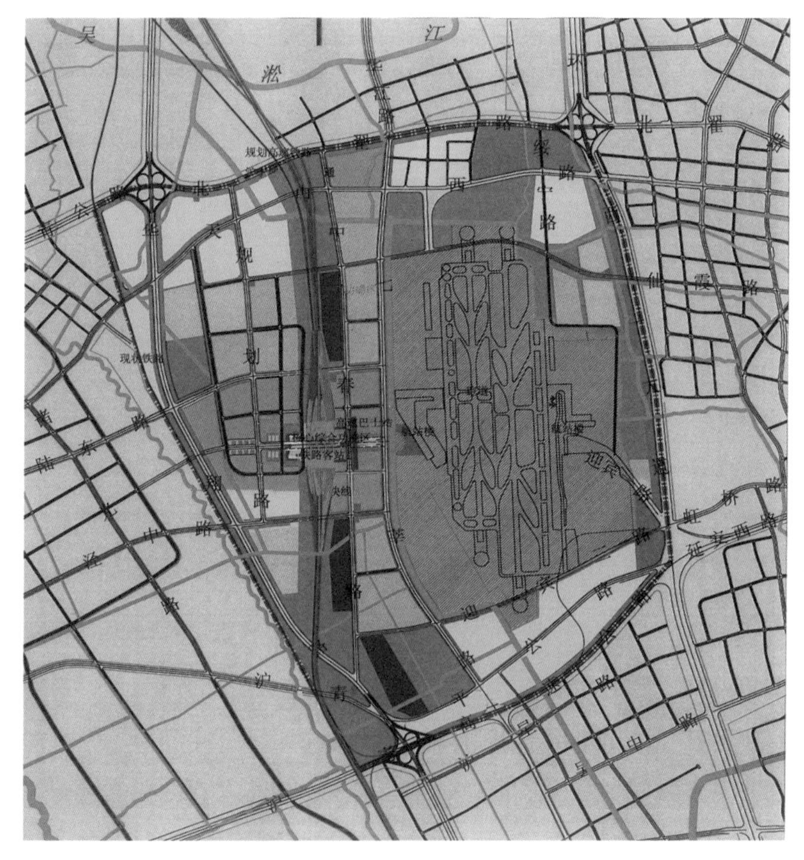

> **图 4**　虹桥综合交通枢纽地区结构规划

中国城市规划设计研究院绘制的如图 5 所示的规划图很好地反映了虹桥综合交通枢纽在长三角地区和在上海市的地位，它是沪宁和沪杭两个轴的交接点，同时也是上海东西发展轴的一个端点。因此，将虹桥综合交通枢纽的功能定位如下：第一，打造独一无二的交通枢纽，成为服务长三角乃至全国的骨干工程；第二，构建品质卓越的商务地区，成为上海西部的活力核心以辐射长三角；第三，塑造个性鲜明的地区形象，成为长三角的代表和上海市的都市名片。

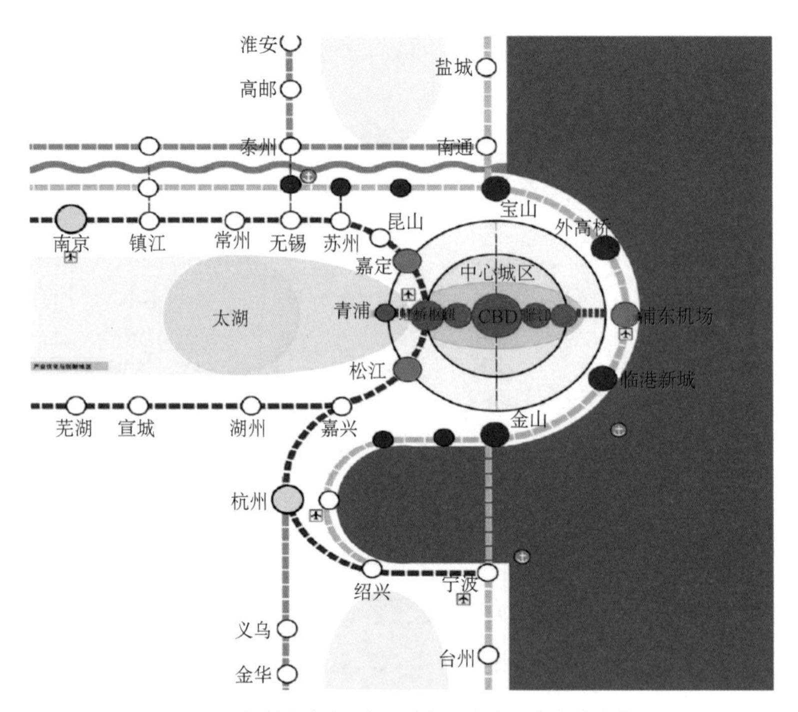

> **图 5** 虹桥综合交通枢纽在长三角和上海市的定位

在此基础上，我们对虹桥综合交通枢纽所在的上海西部城区进行了深入的研究，提出了虹桥综合交通枢纽周边地区城市空间和产业的布局规划构想。由于交通枢纽地区很大程度上受各种交通方式，特别是交通系统本身运行要求的约束，不同于一般的城市地区，我们协调了这些交通方式的需求，编制了“虹桥综合交通枢纽要素规划”（图 6），又在要素规划的基础上开展了“虹桥综合交通枢纽地区控制性详细规划”（图 7）。鉴于虹桥综合交通枢纽的复杂性，该控制性详细规划比一般的控制性详细规划更为精细，为虹桥综合交通枢纽从地下到地上的每一个层面都做了详细的规定，这样使设施在建设过程中有比较好的依据，同时也是一个严格的控制手段。

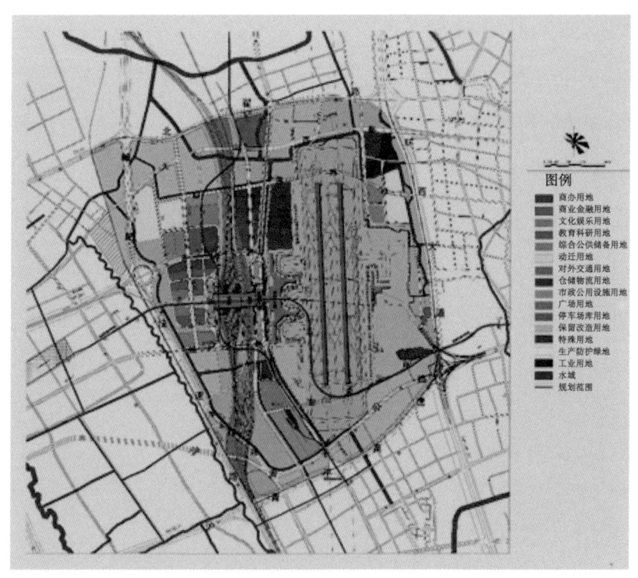

> **图 6** 虹桥综合交通枢纽地区要素规划示意

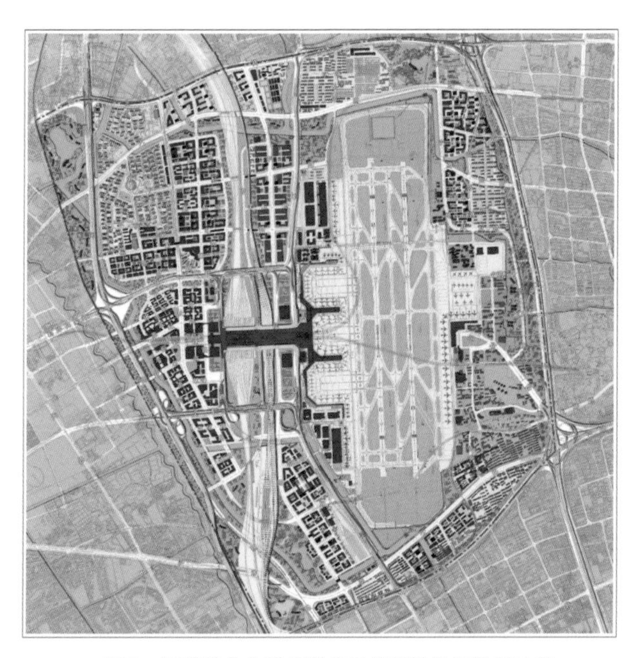

> **图 7** 虹桥综合交通枢纽地区控制性详细规划示意

3 虹桥综合交通枢纽的开发策划

虹桥综合交通枢纽开发策划的目标是要达到“投资平衡”和“运营平衡”。为此，我们将枢纽设施按照其可拆分性、可经营性分成四大类(图 8、表 1)。投资平衡是希望Ⅰ、Ⅱ、Ⅲ类设施的投资在整个建设过程中能够从土地开发的收益中得到平衡。运营平衡是希望与枢纽设施连在一起的商业服务业和独立出来的旅馆、办公楼等可经营设施(Ⅳ类设施)的日常收益能够平衡枢纽设施日常的运营维护费用，不需再有土地的投入，即设施在日常运营时能够良性循环。经研究和测算，我们得到的结论是：虹桥综合交通枢纽需要有 60 hm^2 的土地投入才可以平衡投资；需要有 25 万 m^2 左右的可经营性设施才能平衡日常的运行维护费用(表 2)。

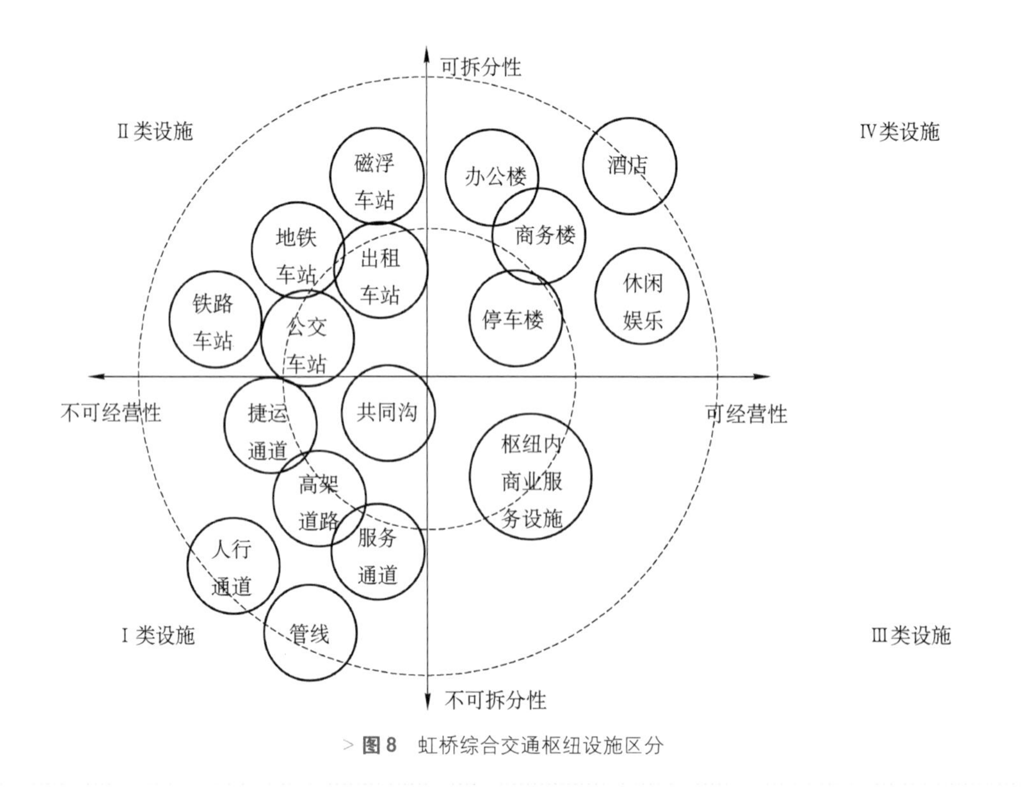

> 图 8　虹桥综合交通枢纽设施区分

表1 虹桥综合交通枢纽设施区分开发策划

设施类型		设施	运作模式	运营目标
Ⅰ类	不可经营、不可拆分的设施	人行通道、服务通道、共同沟、捷运通道、高架道路	公共投资者(或政府)投资、建设、运行管理,或捆绑到其他设施中进行投资开发	提供一流服务
Ⅱ类	不可经营、可拆分的设施	地铁车站、磁浮车站、铁路车站	先由公共投资者(或政府)投资建设,再委托社会化、专业化机构管理;或通过补贴方式,交由社会投资者开发	要求各专业管理者提供一流服务
Ⅲ类	可经营、不可拆分的设施	枢纽设施内的商业服务设施及部分物业	先由公共投资者(或政府)投资建设,再出售经营权;或捆绑到其他可经营性设施中一起投资开发	通过经营权的出售平衡运行管理费用
Ⅳ类	可经营、可拆分的设施	停车楼、酒店、办公楼、商务楼、休闲娱乐等设施	全部交由社会投资者开发	平衡枢纽设施的运行管理费用
Ⅴ类	可供开发的土地	土地	把生地做成熟地,然后交由社会投资者开发	通过土地批租平衡市政配套设施的投资和维护费用,平衡土地的拆迁费用,提供开发利益

表2 虹桥综合交通枢纽的投资平衡和运营费用平衡 (亿元)

投资平衡			运营费用平衡	
总投资		土地开发收益	设施年运营费用	Ⅲ、Ⅳ类设施年收益
设施	267.26			
征地动迁	305.78	−573.04	5.05	7.41
	573.04			
结论	按 1.64 km² 开发地块反算容积率为 1.75		年收益>年运营费用	
	按 2.5 的容积率反算开发地块面积为 1.15 km²			

另一方面,对于这样复杂的枢纽设施,还必须建立一个比较完整的规划设计平台将众多分布在全国各地的规划、设计、咨询单位联系起来共同工作,这也是一个非常重要的课题。

4 虹桥综合交通枢纽的基本功能与规划布局

我们对虹桥综合交通枢纽设施的布局规划,完全基于上海综合交通规划研究所提供的虹桥综合交通枢纽旅客流量预测(表3)。

表3 虹桥综合交通枢纽换乘客流预测 (人次/d)

	高铁	城际铁	虹桥机场	机场间磁浮	磁浮沪杭	高速巴士	高速公路	城市交通(地铁为主)
高铁	—	1 000～2 000	2 000～3 000	7 000～8 000	1 000～2 000	500～1 000	6 000～7 000	65 000～66 000
城际铁	1 000～2 000	—	3 000～4 000	7 000～8 000	400～1 000	500～1 000	1 000～2 000	68 000～69 000
虹桥机场	2 000～3 000	3 000～4 000	—	2 000～3 000	400～1 000	3 000～4 000	7 000～8 000	34 000～35 000
机场间磁浮	7 000～8 000	7 000～8 000	2 000～3 000	—	0	1 000～2 000	0	—
磁浮沪杭	1 000～2 000	400～1 000	400～1 000	0	—	1 000～2 000	1 000～2 000	24 000～25 000
高速巴士	500～1 000	500～1 000	3 000～4 000	1 000～2 000	1 000～2 000	—	0	3 000～4 000
高速公路	6 000～7 000	1 000～2 000	7 000～8 000	0	1 000～2 000	0	—	0
城市交通(地铁为主)	65 000～66 000	68 000～69 000	34 000～35 000	—	24 000～25 000	3 000～4 000	0	—

可以看出,在铁路、磁浮和机场这三大对外交通设施中,铁路与地铁的换乘量最大,机场排第二,磁浮排第三,排第四的是铁路和磁浮的换乘量。依据上述换乘量,将换乘量最大的地铁和高铁结合在一起,地铁的一个站布置在高铁下方;地铁的另一个站放在磁浮和机场之间,使旅客换乘非常方便;高铁与磁浮的换乘量排第四,也让它们靠在一起(图9)。这样,地铁需要设两个车站,这也体现了公交优先和地铁优先的原则。一共有5条地铁线进入虹桥综合交通枢纽,如果旅客换乘地铁,预计有一半旅客不用再换乘其他交通方式就可以到达上海市内的目的地(图10)。在换乘分析的基础上对设施竖向布局后,在枢纽设施的地上出发层和地下到达层两个层面上就可以建设两个连接所有交通设施的换乘通道。

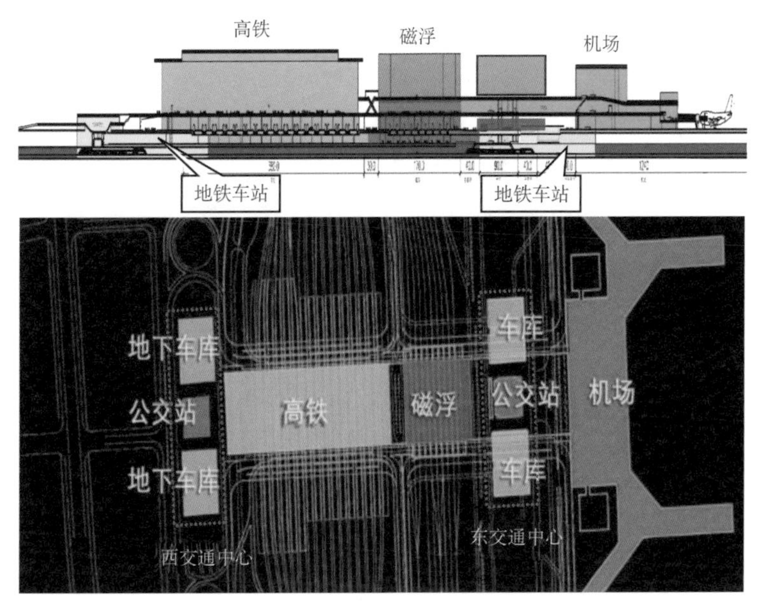

> **图 9** 虹桥综合交通枢纽的设施布局

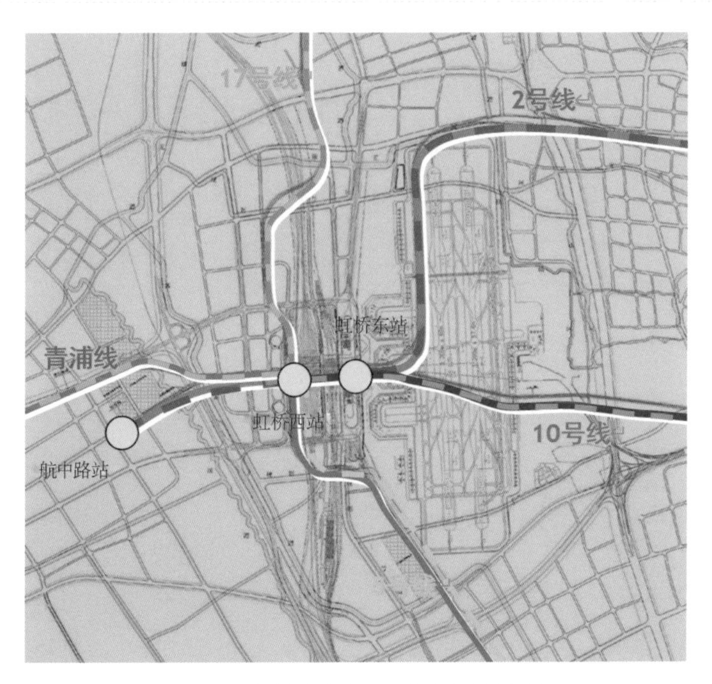

> **图 10** 虹桥综合交通枢纽地铁系统规划

这样，铁路、磁浮、机场和高速公路上的巴士这些对外交通设施，与地铁、巴士、出租车、社会车辆等城市交通配套设施结合在一起，再将一些经营性设施布置在交通设施的周边和上面，就形成了虹桥综合交通枢纽。

5 虹桥综合交通枢纽的道路交通规划

虹桥综合交通枢纽规划中，虽然鼓励以轨道交通换乘为主，但道路交通仍是一个非常重要的规划课题。根据预测，每天大约有 60 万人次来自虹桥枢纽以西地区，还有 50 万人次来自枢纽以东地区。因此，在枢纽西侧地区建设一条辅助道路，引导枢纽以西地区旅客通过已有的嘉金高速和崧泽高架进入虹桥枢纽，以东地区通过中环线和高架路直接进入虹桥枢纽(图 11)。在枢纽地区，旅客主要通过北翟路与七莘路交叉口、青虹路与华翔路交叉口、华翔路与徐泾中路交叉口、七莘路与沪青平高速公路交叉口四个节点进入枢纽。根据预测，从四个节点进入枢纽的旅客比例分别是 19%、30%、19%和 22%。针对这个量，需求的量为 18 条车道，而实际规划建设了 24 条车道。

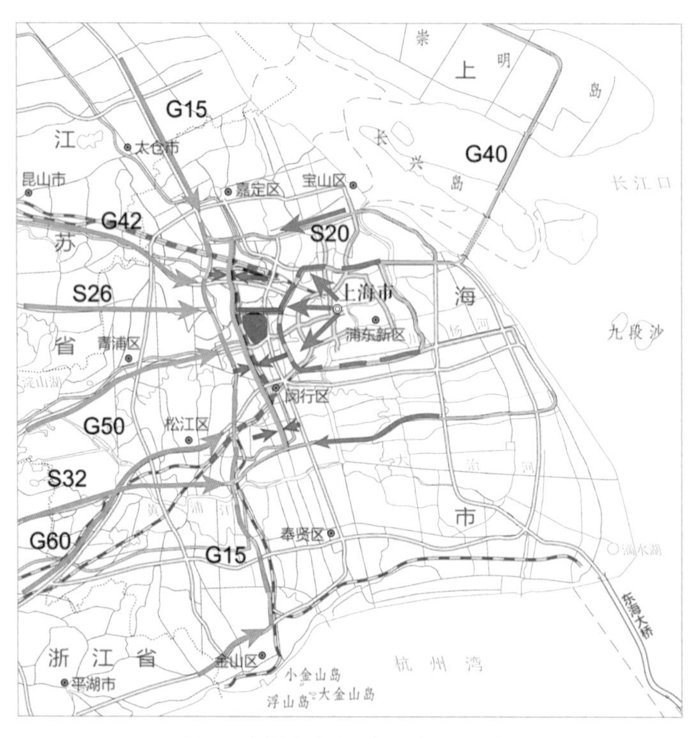

> 图 11 虹桥综合交通枢纽外围交通规划

整个道路交通规划的原则是：一，建设枢纽专用的高架快速道路系统，将地区内的交通与枢纽集散交通分离；二，按西进西出、北进北出、南进南出的原则引导高架快速道路交通流向，同时保持枢纽道路系统良好的互通性，使旅客有多种选择；三，快速系统采用单向大循环方式；四，公交优先。公交优先具体体现在公交站与枢纽设施最靠近，均布置在车站和机场的门口（图 12）。

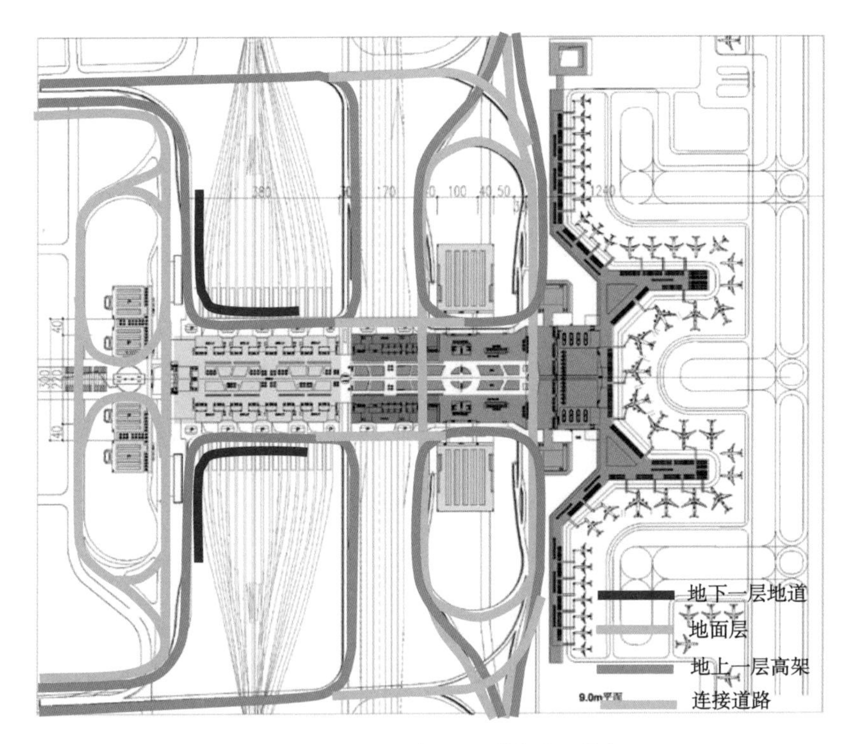

> 图 12　虹桥综合交通枢纽各自独立的集疏运道路

6　虹桥综合交通枢纽的信息系统规划

仅仅把各种交通方式的设施布置在一起还是不够的，还必须将它们的“神经系统”连在一起，并由一个“大脑”指挥。这就是要将虹桥综合交通枢纽中运营的所有交通方式的信息系统整合在一起。这是一件具有相当难度的事情，因为各系统不仅是由很多不同的部门管辖，并且它们还都有各自不同的法律和技术规范。也就是说，必须整合高铁、磁浮、地铁、机场、长途汽车等已有的运营信息系统。

通过努力，现在大家能够在达到虹桥综合交通枢纽时看到各种交通方式的运营信息（时刻表)，这些信息已经被显示在一块屏幕上，旅客可以方便地选择他所需要的交通方式和班次。

有了这个运营信息平台，还可以将一些日常管理和灾害报警等信息都纳入其中(图 13)，并通过这一平台整合各种交通方式的运营指挥，逐步建立起虹桥综合交通枢纽完整的运营指挥系统和应急救援系统，最终与上海市的应急救援指挥系统对接。

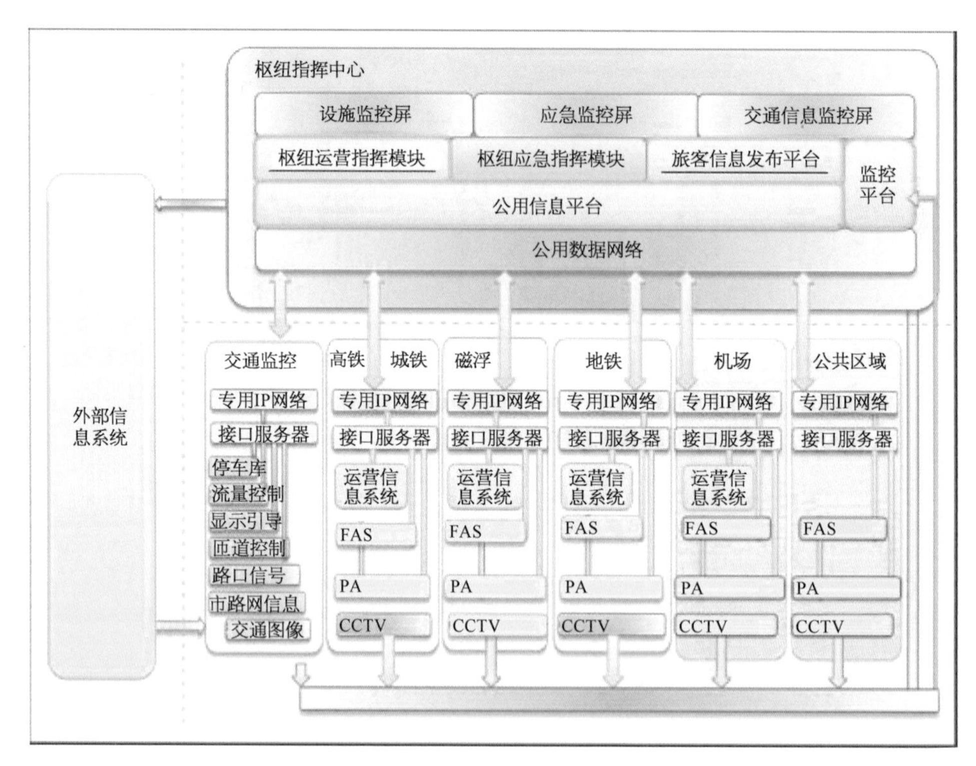

> 图 13 虹桥综合交通枢纽的信息系统规划

不仅上述运营信息需要整合，虹桥综合交通枢纽内的各种标识系统，特别是旅客引导标识也需要进行统一规划设计。因为若各种交通设施的标识规范不一致，会造成大的运营混乱。

7 基于虹桥综合交通枢纽的长三角空铁联运

设施布置在一起了、神经系统也连起来了，接下来就是运营上的一体化课题了。我们在运营一体化方面进行了空铁联运的尝试，希望在沪宁线和沪杭线上的所有铁路车站上面都能办理机票，这些车站同时也就成为一座座虚拟的机场(图 14)，旅客就能够提前在自己所在城市的铁路

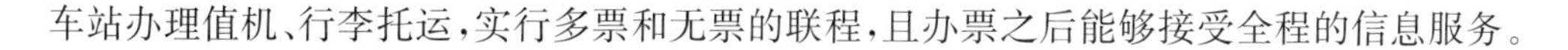

车站办理值机、行李托运，实行多票和无票的联程，且办票之后能够接受全程的信息服务。

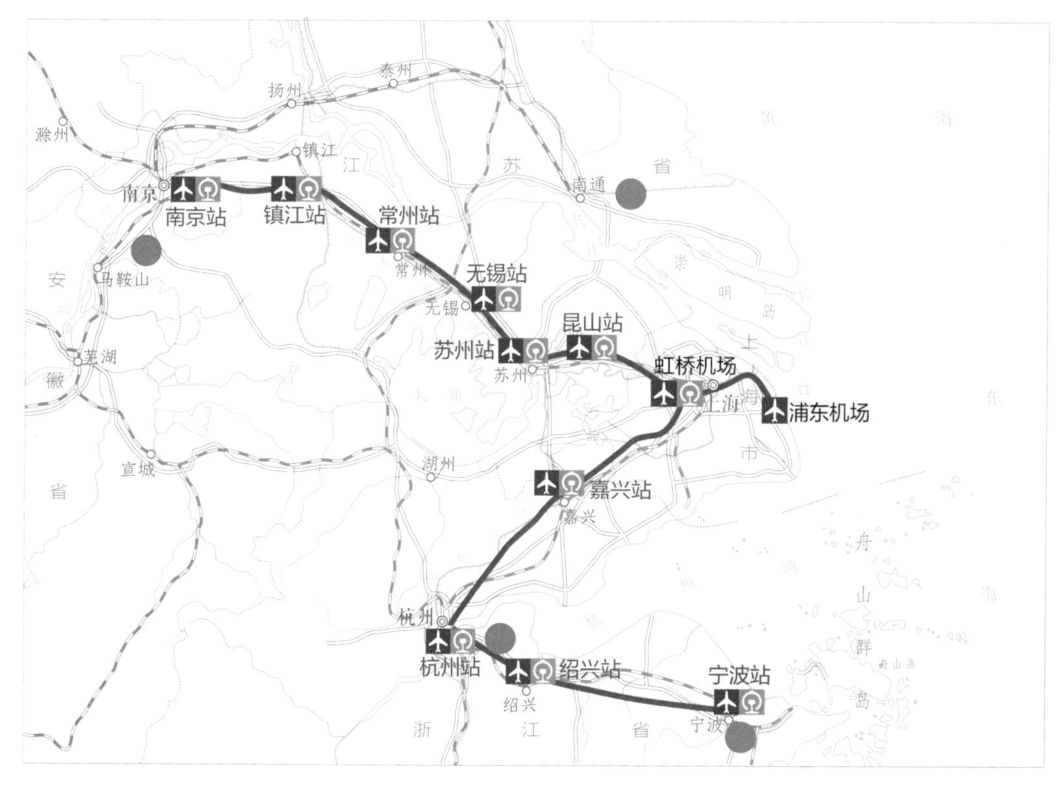

> 图 14　宁沪杭甬线上的铁路车站都能成为一座座虚拟机场

实现空铁联运的关键是在长三角地区实行远程值机。远程值机有三种模式：一是异地提供值机，不办理行李；二是异地提供值机，办理行李，但需要提前一定的时间；三是异地提交行李的同时办理值机。

基于虹桥综合交通枢纽的长三角空铁联运，规划分三步实施：首先在虹桥综合交通枢纽实施浦东国际机场的远程值机。上海世博会之前已经实施，持浦东国际机场机票的旅客到虹桥综合交通枢纽就可以办票、交运行李，然后自己乘地铁或巴士去浦东国际机场。其次在昆山和嘉兴尝试机场的远程值机。此计划得到了昆山市政府的大力支持，他们提出当地建设设施，机场提供相应的服务，很快就开通了“昆山城市航站楼”。最后，希望在长三角地区各个车站逐步实现远程值机服务。

据不完全统计，高铁沪宁、沪杭城际线开通以来，每天在虹桥综合交通枢纽的空铁之间换乘的旅客在 1 万人次左右，约占虹桥国际机场运输量的十分之一。

8 虹桥综合交通枢纽的防灾规划

虹桥综合交通枢纽规模巨大、人流集中、功能复杂，我们始终高度重视防灾规划。在规划之初就开展了防灾专题研究，针对虹桥综合交通枢纽中存在的火灾、风灾、水灾、地震和恐怖袭击五大类灾害，提出了“小灾不乱、中灾不断、大灾可修”的规划建设目标，从灾害识别、灾害评估、灾害对策、工程实施、运行方案和应急方案等不同的阶段与角度开展了大量工作。虹桥综合交通枢纽在正式运行之前，已经针对各种灾害建立了一套比较完整的管理体系，并将各种灾害监测系统直接导入虹桥综合交通枢纽的运营管理中心，对枢纽设施灾害的监控达到了在线管理的水平；同时建立了一个多种交通方式共用的应急救援指挥中心，各种灾害救援可以进行统一指挥。

大型综合交通枢纽防灾规划最重要的问题是保证疏散。在这方面，虹桥综合交通枢纽也做了大量的尝试。首先，通过采用地上设施与高架道路相联、地下设施与开敞式下沉空间相联的措施，规划设计保证了所有的交通设施层面都能直接疏散到地面。每个层面都能够在 3～5 min 疏散完所有的旅客，优于消防局 8 min 完成疏散的要求。其次，避难用地按每人 1 m^2，高峰 15 万人次来规划，提供了大面积防灾用地(图 15)。当然，这样充分开敞的地下设施，也会带来人防设施不足的问题。

9 开发规模与内容

虹桥综合交通枢纽的设施日处理能力能够超过 110 万人次，面积达 120 万 m^2 以上。其中：虹桥机场两条近距平行跑道长 3 300 m、航站楼综合体面积为 35 万 m^2；东交通中心面积为 28 万 m^2，其中停车楼面积为 14 万 m^2、商业餐饮面积为 5 万 m^2；磁浮车站面积为 16 万 m^2，其中办公楼面积为 3 万 m^2；高铁车站面积为 29 万 m^2，其中商业餐饮面积为 2 万 m^2；西交通中心面积为 17 万 m^2，其中停车楼面积为 16 万 m^2。与综合交通枢纽一体化规划的还有两个面积各为 4 万 m^2 的酒店。

虹桥综合交通枢纽地区界定在 26.26 km^2，可开发土地约 370 hm^2，可开发容积约 500 万 m^2，其中站前核心区约 60 hm^2。

虹桥综合交通枢纽在其项目的产生、功能定位、开发策划、规划设计、道路交通规划、信息系统规划、空铁联运、防灾规划等方面进行了大胆的探索，为当今如火如荼的综合交通枢纽规划建设提供了许许多多的经验、教训。

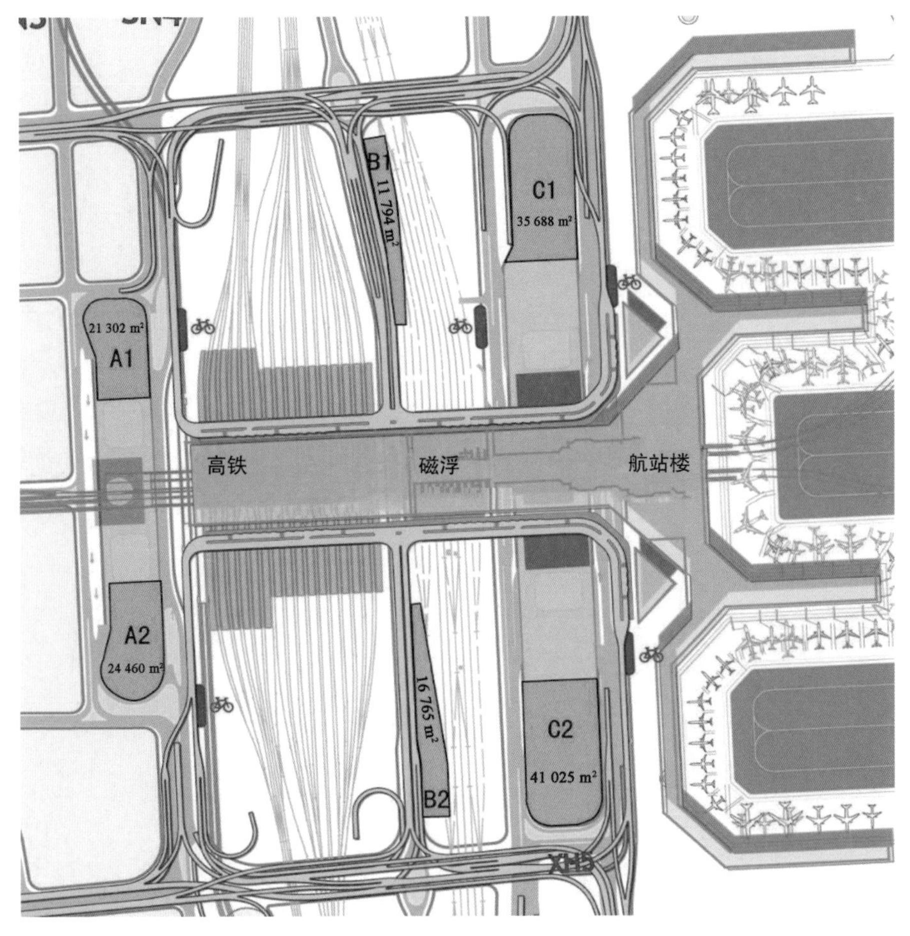

> 图 15　避难用地的规划布置

参考文献

[1] 刘武君.重大基础设施建设项目策划[M].上海:上海科学技术出版社,2010.

[2] 中国城市规划设计研究院.上海虹桥综合交通枢纽功能拓展研究[R].2006.

[3] 中国城市规划设计研究院.上海虹桥综合交通枢纽地区控制性详细规划[R].2007.

[4] 吴念祖.上海空港虹桥系列丛书(10 册)[M].上海:上海科学技术出版社,2010.

(本文发表于《城市规划》2011 年第 4 期)

磁浮交通与城市

建设磁浮交通城际线　推动长三角一体化

随着我国经济高速发展，长江三角洲地区有可能发展形成世界第六大都市带，成为我国参与世界经济发展的前沿阵地之一。尽快整合长三角地区的经济、交通、法规等既有资源，加速长三角的一体化已是摆在我们面前的紧迫任务。

国内外大都市带的经验告诉我们，经济一体化的基础是交通的一体化。目前，长三角区域内交通网络的整合已经开始。然而，既有的外延型交通方式难以满足区域内核心城市间“公交化”运行的要求。只有建设城际高速轨道交通，才能在重塑区域交通网络的同时，实现区域内重点城市之间方便、快捷的连通。

1　基于上海高速磁浮技术建设长三角城际线最为经济可行

高速磁浮交通具有速度快、加减速性能好、安全、占地少、能耗低、环境亲和等优点，上海已经建设了 33 km 的示范运营线。这段线路“麻雀虽小、五脏俱全”，但由于线路较短，还不能很好地发挥现有设施的效率。上海高速磁浮示范线在建设时，已经为今后的延伸做出了良好的规划，两端的龙阳路站和浦东机场站，都具备向外扩展的可能。我们设想将上海磁浮示范线向南延伸到海港新城、奉城，向西延伸通过世博园至城际线上海枢纽，形成上海市域线，并通过上海枢纽与长三角城际线相连，这样，不仅可实现城际线和市域线的有机融合，且将既有的两座机场和世博园连在一起，可以更好地发挥既有公共设施的作用，使它们更好地服务于长三角区域经济。据测算，如果基于上海磁浮示范线技术建设长三角城际线，单公里工程造价可以控制在 2 亿元以内。如果考虑进一步的设计优化和国产化率提高等因素，工程造价还将有较大的下降空间。

2　上海虹桥地区应发展成为城际线的中心枢纽

上海站和上海南站是上海市目前的综合交通枢纽，客货流量已经很大，附近建成区较为密集，继续改造、扩大其规模成本都很高，引入城际线的条件并不理想。综合比选来看，虹桥机场西侧地块，处于上海发展轴和沪杭、沪宁发展轴的交汇地带上，区位优势明显，具备建设成为城际线中心枢纽的条件。

虹桥机场西侧地块一直是机场发展的控制用地。随着航班东移至浦东国际机场，加之周边建成区的密度不断扩大，虹桥机场实质上已经失去了大规模扩建的可能性。如能改变西侧控制用地规划，建设城际线的中心枢纽，则不仅在土地资源利用上受到的限制很小，而且也不会对机场小规模的扩建有太大的限制。由于地域开阔，还可以将高速铁路、沪杭及沪宁高速公路引入，形成上海市的高速交通枢纽。如果进一步将上海市的轨道交通 2 号线、10 号线以及线路巴士、高速磁浮市域线等交通线路延伸过来，就会使这一高速交通的大型枢纽成为一座快捷、方便、舒适、环境优美的现代化交通设施。

虹桥机场的航班东移，一方面造成了长三角地区利用机场的不便，另一方面也对上海市域西部经济产生了一定的不良影响。在虹桥地区建设未来上海的高速交通枢纽，可有效地填补航班东移带来的影响和造成的不便，还可调整城市发展，实现上海、沪杭、沪宁发展轴线的整合，对长三角经济一体化起到积极的推动作用。而且，经由此处的客流在性质上介于航空与铁路之间，同样处于高端市场，周边地区服务于机场的相关产业设施并不需要特别的转型就可以继续发挥效益，这对于上海西部经济发展和长三角资源整合都有极大的好处。

3　长三角高速磁浮城际线方案构思

为了充分发挥高速磁浮系统的技术优势，长三角高速磁浮城际线应采取“干支分离”的方式规划线位(图 1)。干线沿着既有的沪宁、沪杭高速公路走廊高速行驶，通过支线低速进入城区以减少对环境的影响。这样，既可提高土地的利用价值、保证运行效率的提高，又可减少高速交通建设对城市的影响、增强服务水平。通过长三角高速磁浮城际线，使区域内的南京、镇江、无锡、苏州、昆山、安亭、虹桥、松江、枫泾、嘉兴、海宁、杭州等重要城区有效连接，高速磁浮系统的车辆为分散动力，各城区可以根据自己的需要尽可能开行不同间隔、不同编组的直达车，将非常有利于长三角经济的一体化与均衡发展。高速磁浮速度优势的发挥，使南京和上海之间可在 45 min，杭州和上海之间可在 30 min 之内实现通达，南京到杭州的时间也可以控制在 1 h 左右。这样，区域交通将可能实现集约型的“公交化”运行，服务水平大幅度提高。此外再通过经停城市的多种交通方式的配套辐射，高速磁浮就可使整个长三角区域紧密结合在一起。

4　建设城际线有利于长三角一体化和区域经济新的增长点形成

建设长三角高速磁浮城际线，是对既有交通网络的充实，可在长三角地区形成多层次高速交通工具协作竞争的态势。更重要的是，城际线建设后，将有效地促进长三角经济一体化进程，对于共享发展机遇、形成启动区域经济新的增长点，也具有积极的作用。

高速磁浮城际线的建设，将使长三角地区共享世博效应等发展机遇。高速磁浮交通系统在

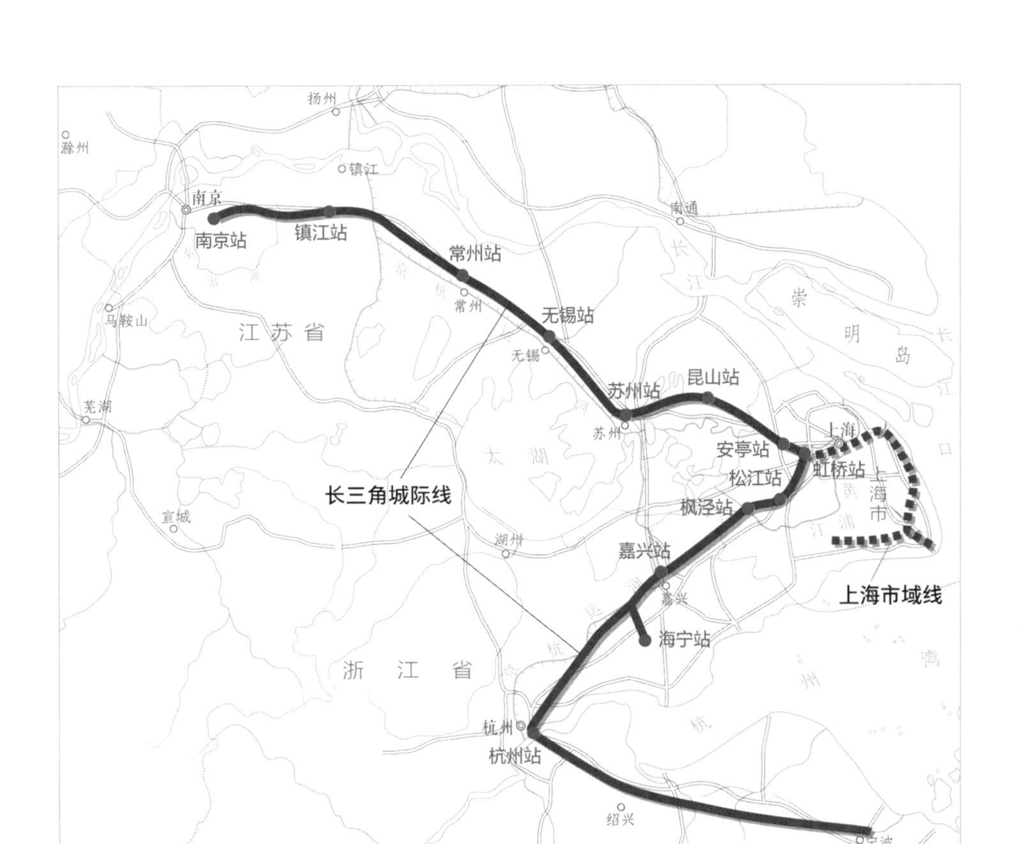

> **图 1** 长三角高速磁浮城际线示意图

过去的四届世博会中都是引人注目的展品，上海首次实现这一系统的商业运营，并在世博会举办过程中集散客流，在长三角交通一体化中发挥重要作用，这本身就是重大展示内容。可以预见的是，高速磁浮交通系统必将成为2010年世博会的热点之一。高速磁浮上海市域线与长三角城际线相连，将方便世博游客将游兴延伸到苏、杭等地，从而将世博效应拓展开来。从另一个角度来看，如果不通过高速磁浮系统与长三角联动举办世博会，上海单方面也无法吸引如此众多的游客，而上海现有的相关设施也无法提供优质服务。

从产业发展的角度来看，高速磁浮系统代表着一项高新技术，目前仅在日本和德国有过深入的研究，而我国建设了世界上第一条示范运营线，并形成了一系列拥有完全自主知识产权的技术。通过长三角城际线的建设，在既有成果的基础上深化研究，将有可能使长三角建设成为磁浮技术的开发、研究基地，带动电子、材料等高新技术的发展，进而形成长三角区域新时期带动经济发展的新的增长点。这将会成为我国“走新型工业化道路、用电子信息产业带动传统机电产业跨越式发展”的经典之作。

5 结语

基于上海示范线建设长三角高速磁浮城际线，将有效强化长三角地区交通一体化进程，进而实现区域经济一体化发展。应发挥高速磁浮的速度优势，使其成为长三角地区内部的公共交通，这对于将长三角发展成为世界第六大都市带，对于拓展世博效应，对于未来磁浮产业链的形成和发展，都有非常积极的推动作用。

参考文献

[1] 吴祥明，刘武君，等.高速磁浮交通技术重大专项——锡沪杭案例[R].2003.
[2] 刘武君.上海“巨型结构”的形成及规划探讨[J].上海城市发展，2000(6)，2001(2).
[3] 上海市规划管理局.上海城市总体规划(1999—2020)[Z].2002.
[4] 吴良镛.从上海看城市地区的空间秩序与协调发展[J].经济世界，2003(7)：9-11.

（本文发表于《综合运输》2003 年第 9 期）

关于建设“上海磁浮交通市域线”的建议

随着我国经济高速发展，长江三角洲地区有可能发展成为世界第六大都市带，成为我国参与世界经济发展的前沿阵地之一。尽快整合长三角地区的经济、交通、法规，加速长三角的一体化已是摆在我们面前的紧迫任务。国内外大都市带的经验告诉我们，经济一体化的基础是交通的一体化。目前，建设长三角高速轨道交通城际网络已经进入启动阶段，而这一城际交通网络在上海的站点是上海与长三角其他城市互动发展的前沿和核心，它需要与其他城市内的高速轨道交通系统有便捷的联络，与浦东国际机场、世博会等有很好的直达性。

建议将长三角高速轨道交通上海站设在现虹桥机场西侧，在已有外环线的基础上再建设一段通过虹桥机场西侧、沟通沪宁及沪青两条高速公路的高速公路，并将现上海磁浮示范线、轨道交通 2 号线和 10 号线延伸至虹桥机场西侧，形成大型交通枢纽——虹桥站。

1 虹桥地区应发展成为上海的综合交通枢纽之一

现在，上海站、上海南站客货流量已经很大，附近建成区较为密集，继续扩大规模成本很高。而虹桥机场西侧地块，为长三角轨道交通上海枢纽的建设提供了一个理想场所。因此，我们建议建设虹桥枢纽。

虹桥机场西侧地块，是机场扩建用地，一直受到规划控制。但其周围地区建成区密集，净空条件较差，扩建机场遇到诸多困难。

随着浦东国际机场的进一步扩建，虹桥机场承担的客流比率将逐步减少。尽管虹桥机场同时还是浦东国际机场的备降机场，但如果采用高速磁浮交通城际线延伸到杭州的萧山机场，旅客仅仅需要 30 多分钟就可以从浦东国际机场到达萧山机场，就相当于浦东国际机场又多了一个备降机场。并且，长三角地区航空运输组织将更为灵活，萧山机场的优质存量资产将得到有效盘活，也有利于上海国际枢纽空港的建设。

从区位上看，虹桥地区处于上海东西发展轴上，具有发展成为上海枢纽的条件，沪宁、沪杭的发展轴也在虹桥地区相连，长三角轨道交通枢纽建设在该处设站不仅在交通上便利，土地资源有保障，而且经济效益和社会效益也将是极好的。

上海市内的轨道交通 2 号线和 10 号线都可延伸至该地区设站，还可进一步将沪宁、沪杭高速公路之间修一段联络用的高速公路通过虹桥枢纽。这样一来，长大干线、城际线、市内轨道交通、公共交通、民用航空等各种运输方式在虹桥地区就能形成一个综合性的交通枢纽。

虹桥枢纽的形成，还将成为上海西部经济发展的新的支撑。目前，航班东移已经在客观上造成了上海西部地区客流量的减少，虹桥机场周边大量服务于空港的关联设施的运营效益受到影响。由于新建的虹桥枢纽服务的目标群体是交通领域的高端市场，在性质上是介于航空与铁路之间的客流市场，因此，虹桥枢纽的建设可以使周边地区已有的服务于机场的产业并不需要特别的转型就可以发挥效益，为上海西部地区经济稳定持续发展带来新的机遇。

2　延伸上海高速磁浮示范线是最为经济可行的方案

高速磁浮交通具有速度快、加减速性能好、安全、占地少、能耗低、环境亲和等优点。上海已经建设了 33 km 的示范运营线，这段线路“麻雀虽小、五脏俱全”，但线路较短，不能很好地发挥现有设施的效益。若将它延长到虹桥枢纽，那么将为长三角的一体化提供一个很好的支撑，使浦东国际机场能更好地为长三角服务，同时也为虹桥、浦东两座机场提供一个快捷的交通服务。

事实上，现在的上海高速磁浮示范线已经为今后的延伸做出了良好的规划，两端的龙阳路站和浦东机场站，都具备向外扩展的可能。延伸之后，更有利于高速磁浮系统效益的发挥。据测算，如果将现有 33 km 磁浮线再延长 50 km，那么，全线的单公里造价将减少到 2 亿元以内，已经远远低于上海市轻轨每公里 3.6 亿元的造价。

因此，我们建议应立即着手研究将磁浮线从浦东机场站向南延伸到海港新城，并预留进一步延伸经过奉城与轨道交通 1 号线的延长线在南桥换乘，形成上海的市域高速环线的可能性。同时研究将磁浮示范线从龙阳路站向西延伸，穿过世博会用地和上海铁路南站，设置世博会站、上海南站站，至虹桥站止，如此通过虹桥枢纽与长三角城际线连接(图 1)，同时也连接起长三角地区的浦东、虹桥、禄口和萧山四座机场。

通过这样的延伸，上海高速磁浮系统使浦东国际机场、虹桥机场以及世博园三大基础设施与长三角地区的共用设施联系更加紧密。这样，不仅可满足上述三大设施的运输服务需求，改善市内交通结构，充实既有的交通网络，也能使上海市内发展轴与沪宁、沪杭发展轴紧密地联系在一起，对于拓展世博效应、加速长三角经济的一体化，具有相当积极的作用。

3　建设磁浮市域线有利于拓展世博效应

公共交通配套、客流集散问题是我们要解决的 2010 年世博会重大课题之一。延伸后的上海

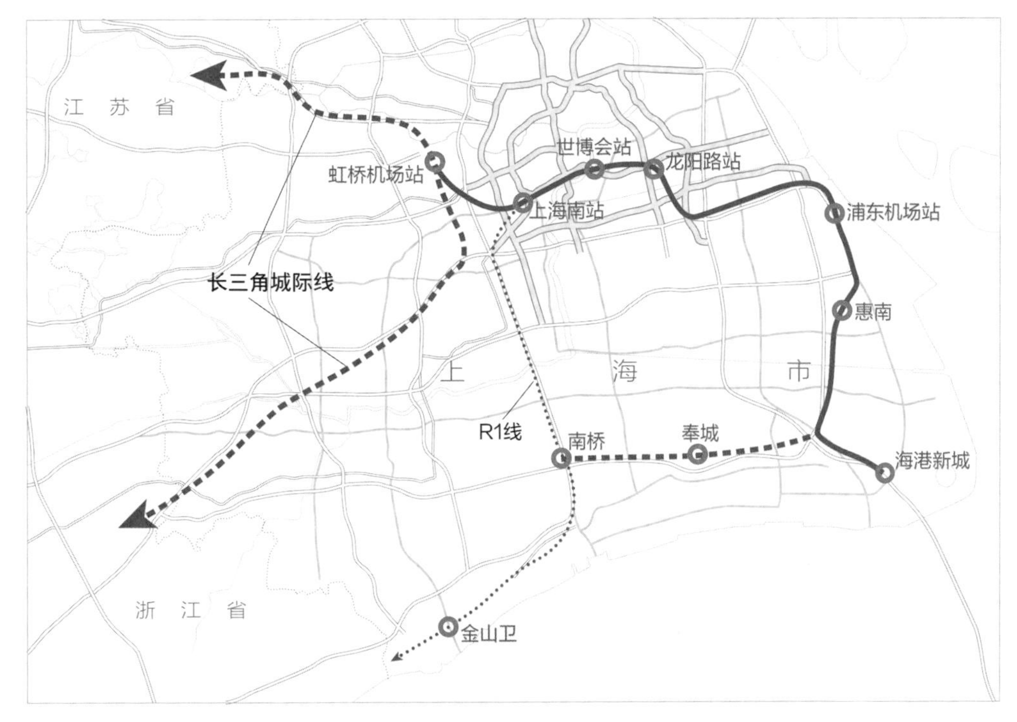

> **图1** 上海磁浮示范线延伸后的高速磁浮网络示意图

磁浮示范线，在世博会设置一个站点，可以有效解决客流的集散问题。

延长后的高速磁浮市域线连接虹桥机场、上海南站、世博会、龙阳路、浦东国际机场、洋山深水港，特别是通过虹桥枢纽与长三角城际线相连接，与长三角的杭州、海宁、嘉兴、昆山、苏州、无锡、常州、南京等著名旅游城市可实现便捷的交通，这对于世博旅客的集散、旅游资源的共享，对于将上海世博会办成长三角共同的盛会，意义重大。

高速磁浮交通系统在过去的四届世博会中都是引人注目的"未来交通展品"，上海首次将这一系统实现商业运营，并且在世博会的客流集散中应用，这本身就是世博会的重大展示主题之一，也体现了"城市让生活更美好"的主题。可以预见的是，延伸后的高速磁浮交通系统必将成为2010年世博会的热点之一，这对于提高中国参展内容的科技含量，提高上海世博会的经济带动作用，更多地吸引参观人数，更好地宣传上海和长三角都将发挥积极的作用。从另外一个角度来看，如果不能将世博参观者的游兴延展到苏、杭等地，7 000万游客的目标将难以落实；如果不与长三角联动，上海单方面也无法为众多的游客提供优质服务。

4 磁浮市域线的建设将促进上海城市结构发展

洋山深水港是上海建设国际航运中心的重要组成部分。深水港建成之后,长江口及杭州湾沿岸的上海滨海地区将形成一条以制造业、加工业、物流业为主体的强大产业带。作为上海的又一重要经济产业地带,洋山深水港和海港新城与中心城、空港及其他经济区作为环上海的市域客流圈达到环长 250 km,以一般的轮轨高速是满足不了远景要求的,快速客运系统必不可少。

根据规划,轨道 R3 线将从三林地区延长进入海港新城,这段距离大约有 60 km,造价将不会低于 100 亿元,用轨道交通从中心城区到海港新城也要 1 个多小时时间。由于客流量小,发车间隔会较长,服务水平也就不会太高。当然,还会造成运能闲置。同时,轨道交通的合理设站间距为 1～2 km,如果这样设站,全程运行时间很长,还会带来沿线区域无序蔓延发展,破坏规划中的城市结构。如果取消部分站点,又将造成该线路经济效益的下降。因此,R3 线的延长方案并非是解决海港新城交通问题的最好办法。

如果将高速磁浮系统延长,从浦东国际机场到海港新城,即使按中速支线,也仅仅需要 10 多分钟,从海港新城至中心城可控制在 30 min 之内,投资也远远低于 R3 线的延伸。如能考虑从深水港延伸到奉城、南桥,与 R1 延长线连接,形成郊区环线,就将加速上海南部地区及整个滨海地带经济和城市的发展,加速这些地区城市功能的分工和重组,加速产业结构的调整和优化,加速“滨海开发带”以及上海城市结构的发展和重筑,对上海和长三角经济的发展都具有极好的吸引力和导向性。

5 结语

延伸上海磁浮示范线并将其发展成为城市郊区环线,是最大限度发挥现有磁浮示范线设施能力、有效配置资源之举,延长的费用是很小的。同时,建设虹桥综合交通枢纽,实现上海市内的滨海发展地带与沪宁、沪杭发展轴的紧密联动,必将有助于全面提升上海“一个龙头、四个中心”的地位,有利于促进长三角区域经济一体化。

(本文发表于《上海综合经济》2003 年第 9 期)

Develop Maglev System to Strengthen Hub Function and Promote the Regional Economy

With the rapid economic development in China, Yangtze River Delta region has the potential to be developed into the 6th largest metropolitan area in the world and becomes one of China' global links to the world economy. It is urgent for us to integrate local economy, transportation, regulations and resources of Yangtze River Delta and accelerate the overall progress.

The basis of the economic integration is the transportation integration. At present, the integration of the overall transportation system in Yangtze River Delta region has begun. However, simple extension of the existing transportation modes and system cannot meet the requirements of a desirable "Public Transportation" system among the core cities in the region. Developing an intercity high-speed and high-capacity rail transportation system and building an integrated transportation hub is the effective method to re-organize the regional transportation system and meet the needs of the regional economic development.

1 The successful operation of Shanghai Maglev Demonstration Line

The high speed Magnetic Levitation (Maglev) system is a technical innovation in the 20th century and is a new form of rail transportation system. Since the 60's in the 20th century, Germany and Japan, leading researches in two technical approaches, Normalconducting and Superconducting, have made long-term and in-depth comprehensive studies and experiments. Both approaches have their own advantages and disadvantages and have promising development future.

The Maglev train is mainly supported by electromagnetic power rather than by mechanical power to perform the traditional rail operation functions such as support, guide, propel and brake. Because operation of Maglev train has no mechanical contacts with the guideway or basically avoids mechanical contacts, it achieves higher speed (400-550 km/h), more economical than the wheeled train, and less environmental impact. The Maglev train operating at lower speed (under 200 km/h) has almost no noise so it has obvious advantages in terms of environmental protection than other public transportation means. The impact of magnetic fields produced by Maglev system is very low. In fact, people presently experience stronger magnetic fields than the Earth ambient value when they operate electrically powered equipment in the home. Maglev system is a transportation mode with high level of safety because the Maglev train wraps on its guideway and is configured and designed based on the aircraft standards.

The Normalconducting Maglev system in Germany consists of four sub-systems: the circuitry and guideway system, vehicle system, propel and power-supply system and operation control system. In the system, the guideway basically is the stator of the linear motor. The train has high level of safety and will not derail because it wraps around its guideway. The Maglev train is designed up to the aircraft standards and can pull 2 to 12 carts. Each cart has the capacity of about 100 people. In contrast to the conventional rail, the propelling and power-supply system of Maglev is not located on the train's wheels but at the guideway and its side. The whole guideway is divided into many sectors and the power is only needed to serve the sector the train is on. This has obvious energy saving advantages. The operation control system of Maglev system is a centralized automatic control system and operates according to pre-programmed schedules and a series of comprehensive operation plans to deal with any emergency situations. In summary, Maglev system is comfortable and safe and provides a promising and adaptive transportation mode with high speed, large capacity and low environmental impact.

After 22 months construction the Shanghai Maglev Demonstration Line was in trial operation in 2002 and it has safely and punctually operated around 2.4 million kilometers and carried over 6.3 million passengers. It reached an on-time performance of 99.05%, achieved 99.70% pre-planned schedules and zero accident. It has been proved by the fact that Maglev system, as a new transportation mode, is certainly advanced and reliable.

2 The construction of Shanghai-Hangzhou Maglev Line and the initiation of the master plan of intercity Maglev transportation system

The high speed Maglev system can travel up to 400 to 500 km/h, so it is a new transportation mode achieved a speed between highway transportation and aircraft. The public attention is focused on its application on the long-distance passenger line from Beijing to Shanghai. Surely, the application of Maglev on such a long-distance line will have obvious social economic benefits.

Meantime, we also believe that it will have great influences on the regional economy, social and cultural life and even change people's space-time concepts and city development if medium distance high speed Maglev system is developed in the developed regions with high population density, especially in the developed metropolitan areas to shorten the trip time between the cities to 10-30 minutes. Therefore, the service area of the infrastructure facilities, financial facilities, and culture and tourist facilities of the major municipal city will be expanded rapidly from the city center to the whole metropolitan area. The reasonable station distance of Maglev system is over 50 kilometers and this distance is a good distance to prevent the cities from unorganized expansion and keep necessary spaces between the cities.

Transportation system is an organic component of the social economic system in the city circle. The improvement and development of transportation system is not only essential for metropolitan development, but also the important means and principal premise of metropolitan development. The development of the Shanghai-Hangzhou Maglev Line will greatly improve the transportation capacity along the Shanghai-Hangzhou Line, which will greatly and deeply affect the three cities (Shanghai, Hangzhou and Jiaxing) in many ways, such as speed of economic growth, structure of service and industry, development of the city space and land use approach, etc.

It is essential for the development of metropolitan area in Yangtze River Delta to have a transportation system with higher speed and greater capacity. The intercity high speed Maglev system in Yangtze River Delta should go along the existing Shanghai-Nanjing Highway and Shanghai-Hangzhou-Ningbo Highway and will enter the cities at lower speed to reduce environmental impacts. The construction of the intercity high speed Maglev lines in the Yangtze River Delta will functionally link many import cities and districts in the Delta region, such as Nanjing, Zhenjiang, Changzhou, Wuxi, Suzhou, Shanghai Hongqiao, Jiaxing, Hangzhou, Shangyu, Ningbo and others. Because the power of Maglev trains is separate, each city or district may operate non-stop trains with different frequency and group mix. This will greatly promote the integration and balance of Yangtze River Delta economic development. With the high speed of Maglev, the trip time will be 45 minutes between Nanjing and Shanghai, 30 minutes between Hangzhou and Shanghai, and 1 hour and 20 minutes between Nanjing and Hangzhou. Therefore, an integrated and economical public transportation system in this region will promote public transportation and improve the service level greatly. Supported by the multi-modal transportation transfers provided by the city stations along the line, the high speed Maglev system will be able to closely connect the whole Yangtze River Delta region (see Fig. 1).

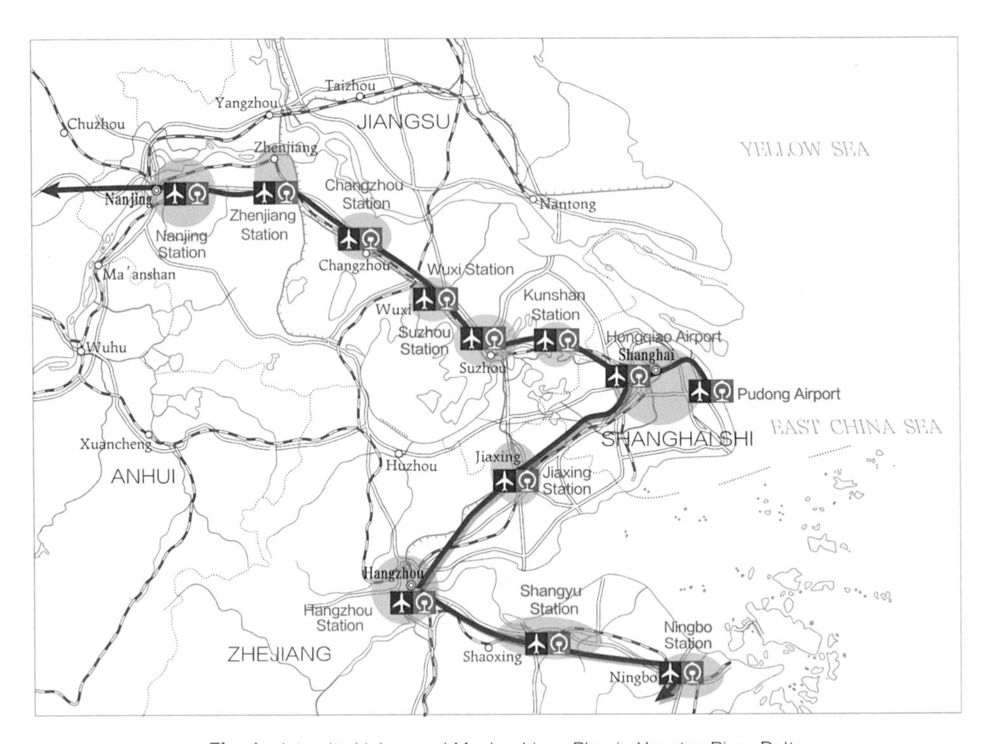

> **Fig. 1** Intercity high speed Maglev Lines Plan in Yangtze River Delta

3 Building the Hongqiao Integrated Transportation Center to better serve the regional economy

In Hongqiao International Airport (SHA) master plan, the west of the Airport is the reserved land for the future development of the Airport. However, the possibility of a large-scale expansion of SHA is not feasible any more due to the continuous development of adjacent area, the high density of the population and buildings, and the limited airspace. Therefore, the land reserved for expansion of SHA makes building a new, modern and integrated transportation center for Shanghai today possible. Building a large-scale transportation center in this area has its advantages in location and investment. It is also beneficial to the development of Maglev system, Beijing-

Shanghai high-speed rail, and intercity rail in Yangtze River Delta. It also provides an opportunity for higher level and sustainable continuous development of the city functions of Shanghai. At present, projects of Beijing-Shanghai high-speed rail and Shanghai-Hangzhou high speed Maglev system have been approved and the preliminary conceptual design and planning of Hongqiao integrated transportation center has already begun. If integration of the high speed Maglev system, Beijing-Shanghai high-speed rail and the intercity highway system as well as city roadway system in Yangtze River Delta is successful, it will play a very important role in the economic development in Yangtze River Delta region.

Hongqiao integrated transportation center will become the gateway from Shanghai to the nation and Yangtze River Delta, and also the largest internal and external transportation center of Shanghai (see Fig. 2). The center includes 20 to 30 tracks of high-speed rail and intercity rail facilities, 8 to 10 tracks of high speed and airport express Maglev systems, express bus facilities, 10 well-linked metro lines, transit buses, taxis, private cars, parking and other transportation facilities. This new transportation center is an integrated transfer center of various transportation modes, including state lines, intercity lines, transit lines, highway, metro, public bus transportation, and civil aviation. The integrated transportation center also integrates service supporting facilities. It not only saves valuable land, but also significantly improves transportation efficiency. The integrated transportation center accommodates efficient access and transfer for the passengers from Yangtze River Delta and meets the passenger demand to the greatest extent.

As the intersection and interchange point of the two most important highways in the region, Shanghai-Nanjing highway and Shanghai-Hangzhou highway, the civil aviation, Beijing-Shanghai high-speed rail, and transit transportation, Hongqiao integrated transportation center has superior conditions for the development of modern logistics. Building a large logistic center here will be helpful not only for Shanghai to play an active role as a modern logistics center, but also for the economic development of Changning District and Minhang District. The opening of Pudong International Airport (PVG) affects the economy in this area and the volumes of high-end passengers and aviation cargo in the western Shanghai have been reduced after PVG was in operation. Development of a future large-scale efficient transportation center in Hongqiao area will help to resolve the problems, reduce the impacts caused by the flight shift from SHA to PVG, and

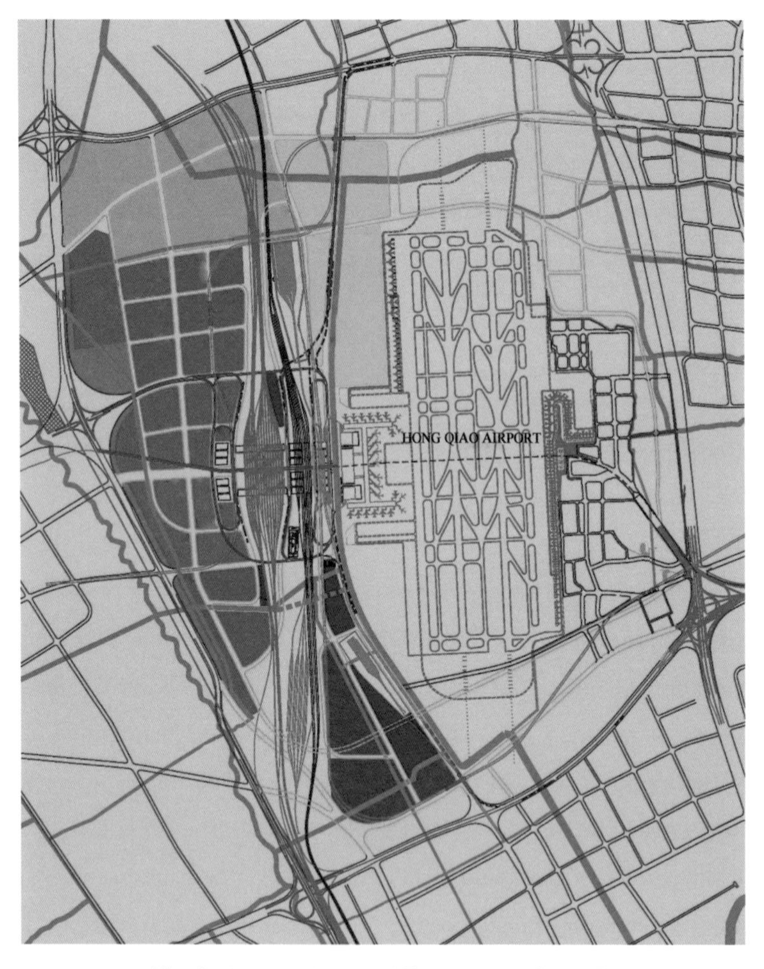

> **Fig. 2** Hongqiao Integrated Transportation Center Plan

promote smooth and continuous economic development of the city. Meantime, the passengers via this area are also in the high-end market and between aviation and rail. Therefore, the surrounding related industrial facilities originally serving the airport can continuously to play their roles as before without making many changes. It will much benefit the western economic development of Shanghai and the resource integration of Yangtze River Delta region.

With the construction of Maglev and high-speed rail, every city in Yangtze River Delta region will develop its integrated transportation center as Hongqiao and utilize these facilities to rebuild the regional transportation network for the whole region.

4 Facilitating the air-Maglev inter-modal operation and building an integrated transportation system

Recently, the two projects, Shanghai-Hangzhou High speed Maglev Line and Shanghai-Beijing High-speed Rail, have been approved. The projects make Shanghai Airports developing air-Maglev inter-modal operation possible.

Basically, the air-Maglev connection is that the airport utilizes Maglev system as commuter services. Passengers can transfer between airport and Maglev easily using an air-Maglev ticket. The developments of Shanghai-Hangzhou high speed Maglev Line, Shanghai-Beijing High-speed Rail, and ongoing projects of PVG Transportation Center and Hongqiao Integrated Transportation Center make air-Maglev inter-model transfer possible. Shanghai Airport Group (SAA) can extend air terminal functions and services to the cities and areas wherever Maglev system goes by building city terminals to meet the passenger service needs.

Nowadays, the number of passengers from Yangtze River Delta accounts for over one third of the total passengers at Shanghai airports and is still growing. However, the connection between Shanghai airports and major cities in this region heavily relies on highway transportation and it is not very convenient. People from this region have to spend over half a day going to Shanghai to take flights. This is also the reason why those cities think about constructing their own airports. If the Maglev stations become city terminals of Shanghai airports in Yangtze River Delta region and the integrated air-Maglev connection service system is available, every city with Maglev stations just like has its own airport. With Maglev stations serving like city terminals, the several airports in Yangtze River Delta region will be integrated and Shanghai airports will become the real hub serving the region and beyond. This can help to avoid repeated investments and constructions of many small and low-efficiency airports around Shanghai area and waste of both valuable airside and airside resources.

To facilitate airport terminal functions in Maglev stations, we need to define specific airport code for each Maglev station and design it with airport terminal functions and specific flight number for each Maglev train as well. Meanwhile, necessary information share of Air and Maglev system is also required for air-Maglev connection. Co-ticketing between air and Maglev should be in place and passengers of other cities can get both air and Maglev tickets when they book air tickets. In other words, maglev ticketing system needs to be integrated with air ticketing system.

5 Developing Maglev transportation and facilitating the economic integration of Yangtze River Delta

The construction of intercity high speed Maglev lines in Yangtze River Delta region helps to promote positive cooperation and competition of multi-level high-speed transportation mode in this region. When the project is completed, the three-hour economic circle of Shanghai-Hangzhou-Ningbo and Shanghai-Nanjing will become one-hour economic circle. The reduced trip time will accelerate the economic integrating process of those cities and promote sharing of the developing opportunities and speeding economic growth in the region.

The construction of intercity Maglev lines will enable World Expo opportunity sharing in the whole Yangtze River Delta. Maglev transportation system has been one of the most attractive display items in the past World Expos. It is an important exhibition itself that the Normalconducting Maglev system, Transrapid, started its commercial operation and played an important role in the passenger distribution in the World Expo 2010 and the transportation integration in Yangtze River Delta region. It is foreseeable that Maglev system will be one of the most desirable exhibits for World Expo 2010. The Maglev will enable the tourists to go further into the neighboring cities of Jiangsu and Zhejiang provinces so as to extend "Effect of the World Expo". On the other hand, without Maglev system and transportation connection within Yangtze River Delta, City of Shanghai can not attract so many tourists in the World Expo alone. Without the resources of the region, City of Shanghai will not be able to accommodate the tourists at the desirable level of services utilizing its own facilities.

From perspective view of industrial development, high speed Maglev transportation system is a new and advanced technology. At present, only Japan and Germany have done in-deep research on it. China has built the first commercial demonstration line in the world and owns a series of technical intellectual property rights. With construction of intercity lines in Yangtze River Delta and in-depth research based on the existing achievements, it will be possible for Yangtze River Delta to become the Research & Development (R&D) base for Maglev transportation technologies. The establishment of such a R&D

base will accelerate the development of electronics, materials and other high technologies, and even further promote economic growth and bring the economic development of Yangtze River Delta to a new level in the new era. This will be a proven showcase of our country's "pursue new types of industrialization to promote development of traditional mechanical/electronic industries by achieving great development of electronic information industry".

6 Conclusions

In summary, intercity high speed Maglev lines developed based on Shanghai Maglev Demonstration Line will accelerate the transportation integration progress in Yangtze River Delta, achieve economic integration in the region, and eventually lead to reasonable and sustainable development of space structure and metropolitan areas. If the high speed advantages of Maglev system is fully realized and it successfully serves as a public transportation mode for the metropolitan areas in the region, Maglev system will be greatly helpful to develop the region into the 6th biggest metropolitan area, expand the "Effect of the World Expo", shape and develop future Maglev industry chain, and rebuild city economic structure and city structure.

References

[1] WU Xiangming, LIU Wujun, etc. The technology showcase project of high speed Maglev transportation system technology—Case study of Wuxi-Shanghai-Hangzhou Line[R].2003.

[2] LIU Wujun. Metropolitan—A study on city transportation and city space structure of Shanghai[M]. Shanghai: Shanghai Scientific & Technical Publishers, 2003.

[3] Shanghai Municipal Planning Administration. Shanghai Urban Comprehensive Planning [Z].2002.

[4] WU Liangyong. Space structure and coordinated development of city area from Shanghai perspective[J]. The World of Economy, 2003(7): 9-11.

[5] Shanghai Maglev Transportation Developing Company Ltd. The pre-feasibility study report on Shanghai-Hangzhou Maglev line[R]. 2005.

（本文发表于清华大学 2007 年 7 月举办的"城市与交通"国际研讨会）

轨道交通与城市

轨道交通将重塑城市结构

为了构筑国际化大都会现代化的交通体系，上海从20世纪80年代开始致力于发展轨道交通，以促进经济社会发展。经过十多年的建设，目前已经开通运营的轨道交通线路有3条，形成了总长65 km左右的线路和49个车站。按照规划，“十五”“十一五”期间是上海轨道交通建设的高速发展期，年均建设超过40 km。如此高速度、大规模的轨道交通建设将会给城市带来什么呢？

1 轨道交通将重塑城市公共客运交通结构

现在，轨道交通日均只承担80万～100万乘次的交通量，约占全市公交客运总量的10%。与具有23 260 km线路的巴士相比，轨道交通已经显示出优越性。根据上海城市综合交通规划研究所的客流预测和交通模型测算，基本网络（图1）形成后，中心城内市民到达轨道交通车站的平均距离为900 m；中心城公交比重将从现状的28%提高到50%，虽然轨道与地面公交分别承担一半的客运量，但是客运周转量之比可达到7∶3；中心城地面公交的平均乘距将从6 km下降到4 km左右，较长距离的运输主要由轨道交通来承担，地面公交的职能将从中长距离的运输转向短距离运输；中心城大约三分之一的地面公交客运量是与轨道之间的换乘量，地面公交将更多地为轨道提供接驳服务的功能。如果规划的17条轨道交通线全部建成，日均将承担1 700万乘次以上的交通量，将占公交客运总量的60%。由于轨道交通总是干线交通，人均乘距较大，因此人公里总量在公交客运总量中所占的比例将会更大。这样一来，上海城市公共交通结构将发生很大变化，现在的公交结构将被彻底重塑。

按照城市总体规划，上海的公共线路交通由轨道交通网络和巴士交通网络组成。巴士线网规划中巴士网与轨道网的关系至关重要，上海需要一个公共巴士与轨道交通协调发展、共同运营的规划方案。该方案中应明确以下原则：

第一，上海的城市公共线路交通应该由干线和支线两部分组成。干线应采用高速度、大运量、准时、安全的交通方式，也就是说应该采用地铁、轻轨等轨道系统。支线应定位为干线的“摆渡或补充”，应以各种巴士为主。

第二，公共线路交通的骨干——轨道交通应该尽快成网，即“干线网”。该网络已经确定，就是前述的“基本网络”。

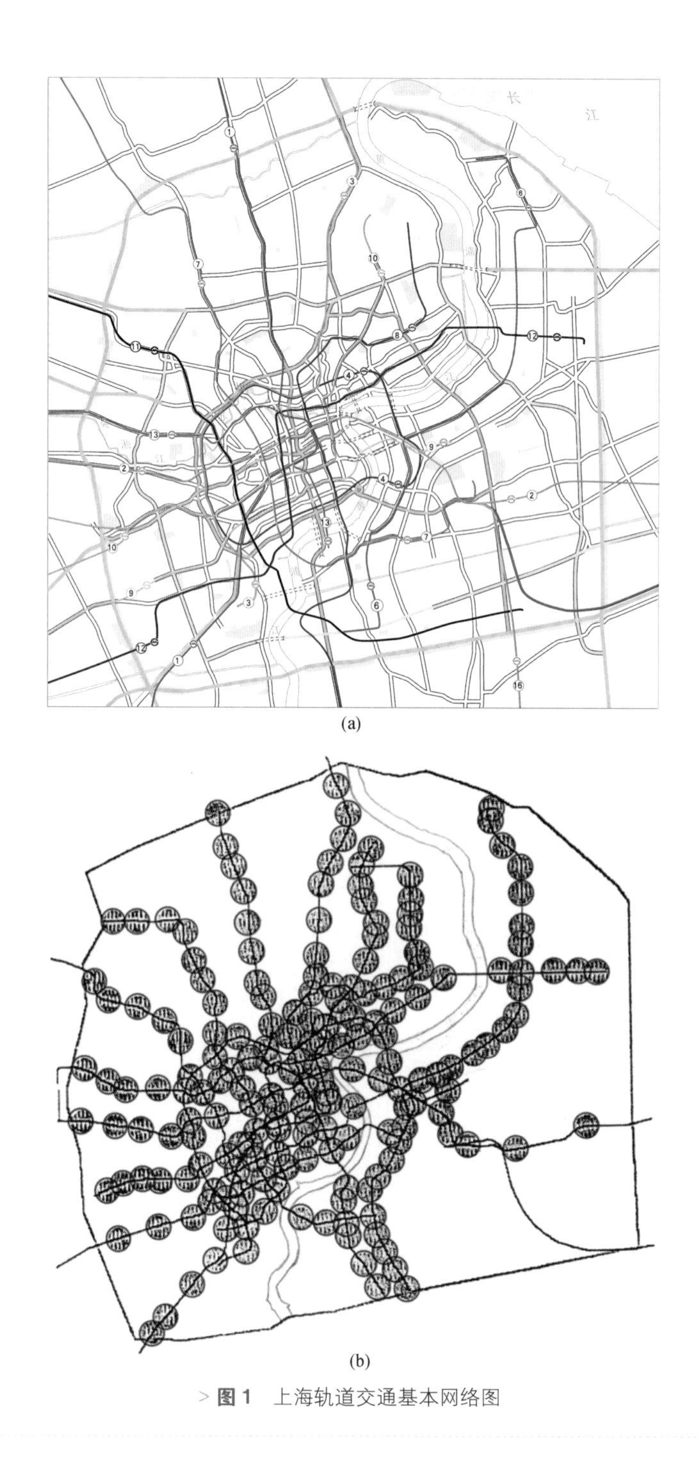

(a)

(b)

> **图 1**　上海轨道交通基本网络图

第三，支线可采用放射型、环型、八字型、波型、联络型等多种线路形式（图 2），提供地区内部性的交通。同时，可采用小站距、短线路和中、小车型等高效率、低成本的运营方式，为社区居民提供方便的交通，也为干线提供摆渡式集散乘客的服务。

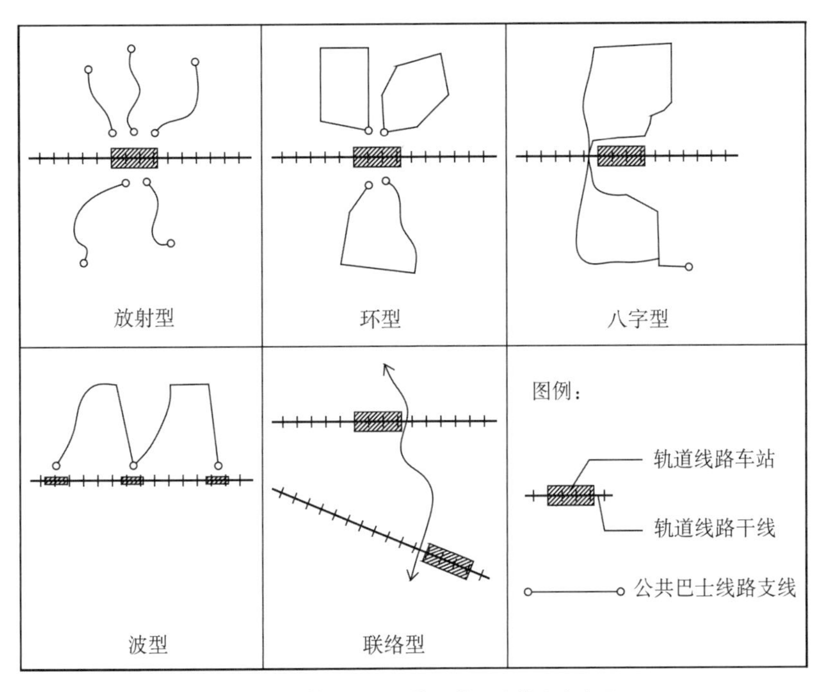

> **图 2** 以轨道交通为核心的巴士线网方式图

第四，现在就应该立即开展公共线路交通网的规划、建设和实施工作。在轨道交通已经运营的线路走廊地带应该以轨道交通为骨干改造公共线路结构。在轨道交通线路还没有运营的地区，也应该按“干支分离”的规划思想，调整公共巴士线路结构。应在规划的轨道交通线路上开行大运量、高舒适度、高速、高密度的巴士干线，并争取设置公共巴士专用车道；并在支线上开行中小车型的短距离巴士，与干线巴士在规划中的轨道交通站址形成换乘。也就是说，用干线巴士代替还未建设的轨道交通，提前形成规划中的公共交通结构。同时也促进城市居民出行方式的改变，顺应城市空间结构的重塑。这里需要说明的是，线路巴士与轨道交通之间存在较好的互换性，而如果这一交通领域被小汽车占领的话，那么这种互换将是不可能的。

总之，轨道交通作为城市公共交通客运系统的骨架，基本网络正在加速形成，其车站将成为各种交通方式的换乘枢纽，需要我们着重解决好轨道交通与巴士等多种交通方式的换乘问题，而这一变化即是对现有公交客运网络的再编和重塑。

上述重塑完成之后，上海市民的出行将会发生根本性的变化：首先人们可以步行去轨道交通车站，也可以骑自行车去车站，也可能是自己开车或乘公共巴士去车站；到车站后乘上轨道交通，经过一次或几次换乘来到目的地车站后出站；接下来或步行，或再乘公共巴士去目的地的办公楼或其他设施（图 3）。办完自己的事后，再倒走上述这一路程，这样就完成了一次出行。

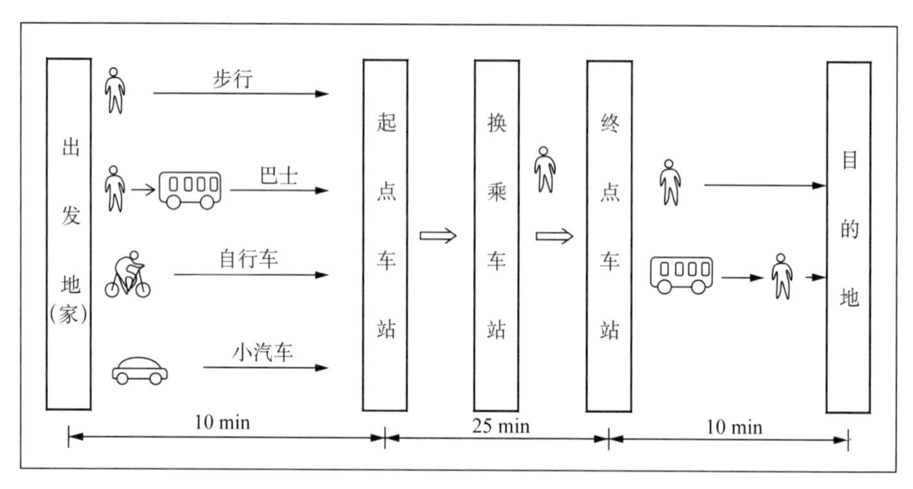

> 图 3　市民利用轨道交通的出行图

从上面的出行过程可以看出，地区居民的交通聚集点是所在地区的轨道交通车站；而在这种出行活动中，轨道交通是整个出行交通工具中的主体和核心。当然市民还可以直接开车去目的地，前提是道路不要太拥挤，出行的时间较充沛，或者为出行留出足够的时间余地，并愿意支付相对较高的交通费用。显然，在未来的客运交通结构中，大都会地区的长距离运输是以轨道交通为主承担的，而近距离的交通、社区内部的交通是多种交通方式来共同分担的。这样一种新型的城市客运交通结构应该是比较合理的，因为它与这些交通方式的特征是相符合的。一般来说，步行的距离较短；自行车、公共巴士、无轨电车可以相对远一些，可以在一个较大区域内使用，但受路面情况影响较大；轨道交通和小汽车交通在距离长短方面都有较好的适应性，区别在于小汽车受交通环境影响较大、较被动，轨道交通则具有可靠性高、运量大、舒适性好等优点。

这样一种新型的客运交通结构，是我们今天还不具有的，但可以预见只要上海的轨道交通继续发展下去，这将是未来的必然结果。或者换句话说，轨道交通将重塑城市客运交通结构。

2 “核轴式”发展模式

交通模式和城市空间的扩张方式是密切相互作用的。与轨道交通相比，以小汽车为主导的交通模式需要更多的空间用于道路和停车，汽车模式鼓励低密度的城市空间扩张，即所谓“城市蔓延”“摊大饼”，它增加了人均土地占有量，带来了较高的社会经济成本。另一种扩张方式就是我们这里要推荐的“核轴式”发展模式（图 4），它是一种符合大都会地区发展规律的城市空间扩张方式。这种扩展方式在上海的一级道路沿线表现得非常典型。当高速公路出现后，沿高速公路的城市空间扩张的模式依然是上述的“核轴式”发展模式，只不过这种模式的扩张尺度更大、速度更快。轨道交通开始建设和运营以后，上述“核轴式”发展模式得到进一步的强化，特别是加强了轴上城市化地区与中心城的联系，加强了轴上核的聚集，同时它还可以随着轨道交通的建设短时间内形成一批强有力的核和一条具备相当规模的发展轴。因此，“核轴式”发展模式也就是一种最典型的、最强有力的以轨道交通为导向的城市扩张模式，该模式可以解决规模较小的城镇如何具备高级城市职能，即其居民如何享受到与中心城相当的生活质量和工作便利的难题。

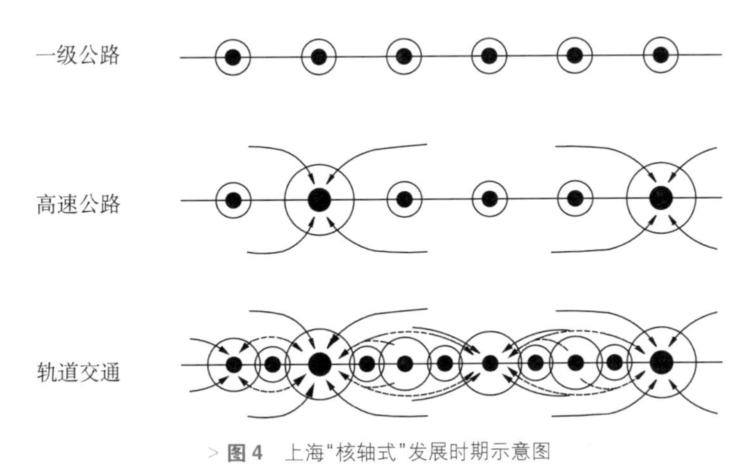

> **图 4** 上海“核轴式”发展时期示意图

在上海轨道交通网络规划中有明确建设计划的是基本网络内的线路。按照基本网络的规划，上海在中心城范围内，以轨道车站为圆心 600 m 服务半径的人口覆盖率为 47%，面积覆盖率为 29%。如果市域线以 2～3 km 设一站，服务半径以 1 200～1 500 m 算的话，轨道交通在中心城以外地区的面积覆盖率可能只有 15%～20%，而其人口覆盖率可能会在 70%～80%。这就是说，轨道交通的建设不仅会改变中心城的空间结构，更重要的，它还将催生大都会地区的轴向发展。在市域轨道交通沿线的发展轴上，将集聚中心城以外的绝大多数人口，不仅可保证城市空间的轴向发展，同时也为轨道交通的运营提供稳定的客源。

如果没有轨道交通的建设，上海是不能够摆脱“摊大饼”式的发展的。而如果不能摆脱这种城市用地规模外溢式的、低层次的扩张，那么就无从谈论大都会的结构，是高速、准时、大运量、高密度的轨道交通提供了“时间与距离相结合，用地的规模与强度相结合”的轴向发展模式成立的基础。因此，没有轨道交通就没有轴向扩张，没有轴向扩张也就没有大都会的空间结构。从这个意义上讲，在做城市轴向发展地带的规划时，多为轨道交通系统今后的发展留出充足的可能性是必要的。比如，在现有市域轨道交通的走廊内预留以后增建更高速轨道系统的空间，待轴向发展到更远的地区后，为这些更远地区的居民提供更加快捷的交通方式，即轨道交通的“快车”。

由于轨道交通的发展，上海未来的空间结构将会形成以车站为核心的一系列不同的“核”，这些“核”是有个性的、形式多样的地区中心，它们同时具备高层次、综合性的城市功能和所在地区之独有的历史、环境和地貌特征。这些“核”与“核”之间已不再有过去那种“中心—副中心—副副中心……”的等级概念，一个较小的、或者是不位于母城的“核”，完全可以利用网络而在某一方面成为全市性的中心，例如以安亭为中心形成汽车文化中心，以松江为中心形成高等教育中心，等等。但是，要真正形成一批这种个性化的城市核，网络化的交通结构与通信系统是必不可少的。

3 轨道交通将重塑城市意象

当上海轨道交通基本网络形成之后，轨道交通的每座车站都将成为城市客运交通各种方式的换乘枢纽。这种客运交通结构的变化，将在很大程度上改变城市意象，而且这种重塑还不仅仅局限于中心城内，在中心城外的新开发和再开发中也是同样的。

按照凯文·林奇(Kevin Lynch)的城市意象理论，构成城市意象的物质形态要素可归纳为五种，即道路、边界、区域、节点和标志物。说轨道交通将重塑城市意象就是因为轨道交通同时与这五大要素相关联，必然成为城市意象的重要组成部分。第一，车站和站前广场必然是多条“道路”的交汇点，自然是车站所在地区的城市意象要素之一。第二，轨道线路常常会扮演“边界”这一角色，特别是高架和地面的轨道线路。它们使沿线地区或多或少地可以互相渗透，同时又将区域区分开来。第三，对于每一座车站来说，它都有一个特定的服务“区域”。这一区域的界定有时是干线道路，有时是河川，有时可能就是距离本身，但无论如何“某一车站使用者的区域”在意象上和物质上都是存在的。同时，一条轨道交通线路所限定的服务“区域”也是一种客观存在。第四，在凯文·林奇的调查中，已经证明轨道交通的车站和广场是最为广泛认知的“节点”设施。车站，既然是人们出行的交通枢纽设施，那么它必然是城市的重要节点。第五，由于轨道交通车站的站距较小(通常在0.8～1.5 km)，其自然形成一组(或一串)有规律的“标志物”群，这将成为更加有份量的城市意象构成要素。

上述各要素在现实物质环境中都是融为一体的。五大要素相互穿插、重叠在一起，而且这种关联度越高，说明这一地区越成熟。以轨道交通车站的站前广场为节点，车站站房为标志物，以其服务范围为区域，其间道路穿插的城市之组合意象，可谓轨道交通所筑之城市意象。

4 轨道交通将重塑城市空间结构

近年来，轨道交通站点的设立以及车站广场的建设，已经给车站周围地区的地价、开发强度、人口密度以及楼面价格等带来了新的变化(表1)。实际上城市空间结构的重塑已经开始。

表1 上海轨道交通1号线莘庄站周边开发情况

地段		A	B	C	D	E
位置特征	离站距离(km)	0～0.8	0.5～1.0	1.0～2.0	2.0～3.0	2.5～4.0
	最大步行时间(min)	7	5～12	12～22	22～40	30～60
	巴士乘车时间(min)	步行	4	6	8	10
开发情况	毛地价(万元/亩)	100	80	60	50	40
	容积率	2.5	1.8	1.3	1.3	0.8
	居住人口密度(人/m^2)	540	450	390	420	120
	平均销售价(元/ m^2)	4 200	4 000	3 200	2 900	3 700

注：1. 本表引自《城市规划汇刊》2002年第2期。
2. 1亩=0.0667 hm^2。

轨道交通的每一座车站，都会根据其规模大小、客流多少、是否枢纽、是否处在传统街区、是否处在行政中心等多种因素，形成一个有个性的、不同规模的“城市核”。因此，像上海这样一个具有500 km轨道交通基本网络的大都会，自然就会形成一个多核的城市空间结构。同时，由于轨道交通的线型特征，使得这些核又都是被轨道线路串起来、轴向发展的。所以被多条轨道交通(市域线)所重塑的城市空间结构就一定是多轴的。由于每一个“城市核”和每一条城市轴都具有不同的属性，当然是多层次的。因此，轨道交通将彻底改变上海人的出行方式，而这种改变也必将引起城市空间结构的重塑或重组。

5 多核结构中的站前广场

轨道交通的建设和城市空间结构的再筑，将使一批轨道交通的换乘枢纽逐步成为城市的空间核心，这将进一步充实现在的多核心规划体系，使多核心体系更加丰富、完善。在中心城以外地区，沿轨道交通的线路走向将形成“糖葫芦串”式的多核结构，这些“城市核”以车站为中心，每3～5个车站中还将产生一个更大一些、更高一级的“城市核”。

这些“城市核”由车站、站前广场和周边设施构成。站前广场由交通功能设施和环境功能设施构成，一般包含小汽车停车与上下车设施、出租车设施、线路巴士设施、自行车场、人行通道、休憩设施、绿化，以及其他一些环境景观设施等。周边设施主要有公用卫生设施、商业设施、商务设施、娱乐设施以及其他一些关联设施等，最常见的有超市、餐馆、剧院、俱乐部、诊所、夜校等。

需要强调的是，过去的轨道交通建设往往忽视了站前广场的建设，不仅失去了重筑城市空间结构的机会，同时也造成乘客使用不便，造成其他交通方式与轨道交通的换乘不便，有的车站甚至造成了交通混乱。究其原因，主观上我们没有充分认识到站前广场作为交通广场、交通设施的作用，客观上轨道交通的投融资机制和城市交通管理体制也存在诸多的不合理因素。最近，这一问题引起了有关方面的重视，已有一些新的探索。

（本文发表于《上海城市发展》2004年第3期）

天津轨道交通发展规划研究

作为中国北方的一座重要港口和经济中心城市，以及国家铁路的重大枢纽，天津的交通优势非常明显。新一轮的天津发展战略提出了建设完善“一轴两带，一城两港”的空间结构，而交通网络，特别是轨道交通网络是这一空间结构的骨架，因此，必须予以高度的关注和充分的研究。

轨道交通作为一种利用轨道来运送旅客或货物的运输系统，在城市对内和对外交通中起着非常重要的作用。在过去的发展中，天津已经形成了以轮轨为基础的多种轨道交通系统。但是，由于管理体制的条块分割，天津一直没有形成一个完整的、系统的轨道交通综合规划，在理论上、认识上也没有建立起一套完整的体系。这次，我们有机会对天津的城市发展与轨道交通情况做比较认真的调查研究。结合轨道交通的功能定位、技术特点以及轨道交通与城市的关系，我们将天津的轨道交通分为：国铁干线、城际线、城郊铁路、市域线和市内线五种线路系统，并针对这五大系统提出了建议的规划方案。

1 建设轨道交通内环线，有效疏解中心城的交通压力

天津交通网络的向心性太强，使得乘客都要到市中心换乘，而且换乘的规律性不明显。要使客流都能在市中心外围换乘，产生一种放射状的流向，就需要在市中心外围建设一个高效、大容量的集散型环线。天津旧城区内有一个几乎成环的铁路线（图 1），如果能和铁路部门合作，建设铁路外环之后，把城区的铁路改造成轨道交通环线，那么天津的交通结构和空间结构都将会有很大的改观，很多问题也就变得容易解决了。

这条线路隶属铁路部门，目前西南段使用效率较低，效益也不好，对城市的干扰较大。改造成轨道交通环线后有助于盘活铁路存量资产，发展城市客运，使原有国有资产保值、增值。在改造的技术方案上，我们建议在既有的铁路通道上为以后的城际线留出足够的发展空间和线路容量；建议只利用其通道，在既有铁路旁建设高架和地下相结合的轨道交通线路。在改造的操作上，可与铁路部门合资成立项目公司，主持内环线的建设；也可进一步引入更多的投资者，走多元化道路；第三种方式是全部交由铁路部门建设。无论哪一种方式都要注意把开发利益还原给投资者。

> 图 1　天津市内环铁路线

2　国铁干线不进城，通过轨道交通环线换乘进入城区

天津市区内的国铁干线起着天津—北京、天津—上海和天津—东北这些方向的客运和货运通道的作用，并为天津港和秦皇岛港提供集、疏、运服务，主要分为高速客运、普通客运和普通货运三种运输类型。

由于国铁干线运量大、通行频率高，所以线路应尽可能通道化，走城区外围，以保证线路的运行效率，降低时间损失，同时也减少线路与城市之间的相互干扰，减少高速列车的噪声干扰和保证安全。其中，长距离客运干线有大量非以本市为目的地的旅客，即使是到天津的长途旅客，换乘次数增加一次的抱怨也相对较小，所以长距离客运线路建议走城区外围，并通过轨道交通环线、其他轨道线路以及巴士线路组成的网络与各城区相连。

建议尽快建设大型“新天津站”，使之成为天津国家铁路枢纽，并同时建设铁路外环线。

京沪高速轨道交通干线不进城，可直接经过中心城西郊干线客运交通枢纽。近期京哈干线走京山铁路，远期仍走城区外围(图 2)。

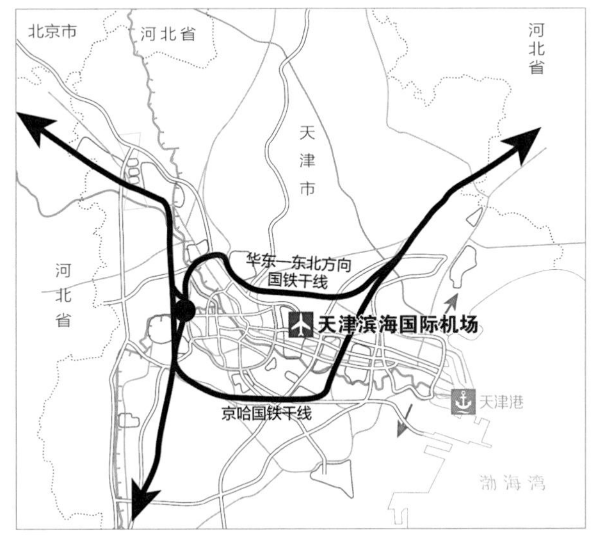

> **图 2** 天津国铁干线规划建议

3 建设京津唐城际线，促进区域一体化

城际线的最大特点是它同市内轨道交通一样，是公交化运行的。它把区域之间分散的城市连成一个整体，可强化城市之间的联系与分工，增强城市之间的协作，有利于区域一体化发展。城际线的技术制式一般采用高速铁路的技术标准，发车频率比干线铁路高、比城市轨道交通低；站间距比干线高速铁路短、比市域轨道交通长。城际线车站要尽可能接近市中心，通过在中心客运枢纽处的连接，与市域线、市内线形成一体化轨道交通网络，这样才能充分发挥城际线的功能，为区域内的乘客提供便捷、公交化的服务。

根据这些原则，我们提出京津唐城际线的规划设想(图 3)：在北京，线路沿京津塘高速公路，过凉水河后，穿过五环，转向北沿双丰铁路走行；在双丰铁路与京通快速路交汇处，设置北京站，与北京地铁1号线四惠东站换乘；然后线路继续北上，形成两条支线，一支沿机场高速公路延伸至首都机场，设首都机场站，另一支沿机场高速向西南进入东直门交通枢纽，设置东直门站。

在天津，线路先沿京津塘高速公路，在廊坊以东、武清以西首都第二机场场址①处设首都第二机场站；然后沿京山铁路进入天津中心城区，在国铁干线天津站处设天津站。线路出城区后，一直沿津滨交通走廊到达滨海新区，设滨海站。最后，线路沿唐津高速公路北上，延伸至唐山，并预留再沿京沈高速公路至秦皇岛的可能性。这条城际线同时也起着快速市域线和机场快速线的作用，线路直接进入市中心，联系着航空城、天津中心城和海港城内的三个客运枢纽。

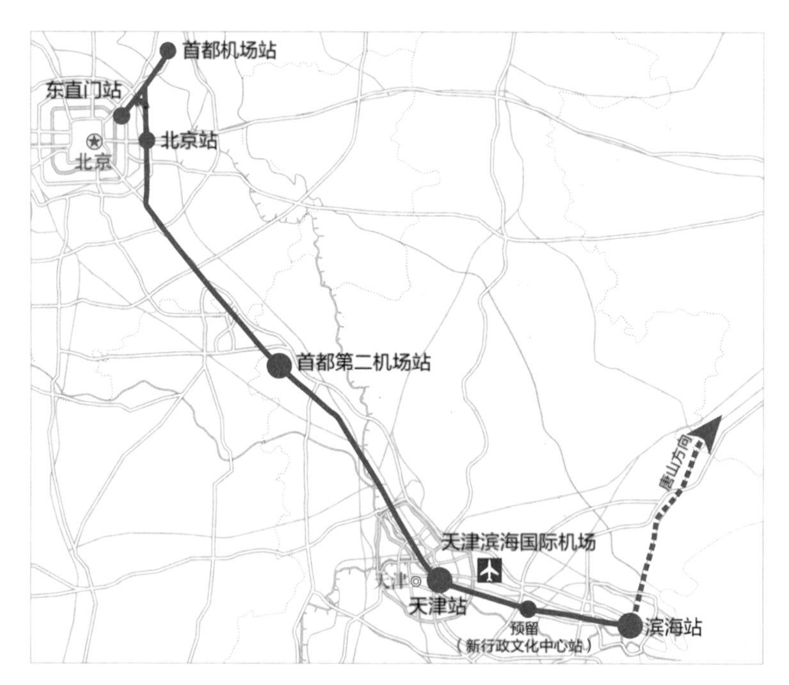

> 图3 京津唐城际高速轨道交通线

4 充分利用城郊铁路，疏解中心城区交通压力，推动郊区县的发展

城郊铁路是城市与郊区各城镇，以及各区县之间相互沟通的重要交通方式，它是形成全市轨道交通网的一部分。城郊铁路应主要为市民出行提供客运服务，故国外有时也称通勤铁路。由

① 根据清华大学建筑与城市研究所、上海机场(集团)有限公司《首都第二机场选址比较研究》的结论，京津冀地区在廊坊以东、武清以西的京津城市发展轴上的太子务地区，是建设首都第二机场的比较合理场址。

于城郊铁路服务于人口密度相对稀疏的郊区，所以站间距比较大，列车的运行速度可以较高，多采用小编组、客货混行模式；也可以与城镇间铁路系统使用共同的线路。天津的城郊铁路主要有津蓟线、津浦线（一段）两条线路。

通勤服务是城郊铁路的主要任务之一，所以，线路要尽可能进入城市中心或换乘枢纽，减少乘客的换乘次数。在天津，这两条城郊铁路可以是客货混行的，客运线路可直接进入中心城铁路客运枢纽；而货运铁路线主要走城区和城镇组团外围进入各物流中心。城郊铁路作为一种有效的方式将郊区的蓟县、宝坻、静海、宁河等地，以及未来将要发展的郊区新市镇与主城区联系起来，为各郊区、郊县提供便捷的通勤服务（图 4）。

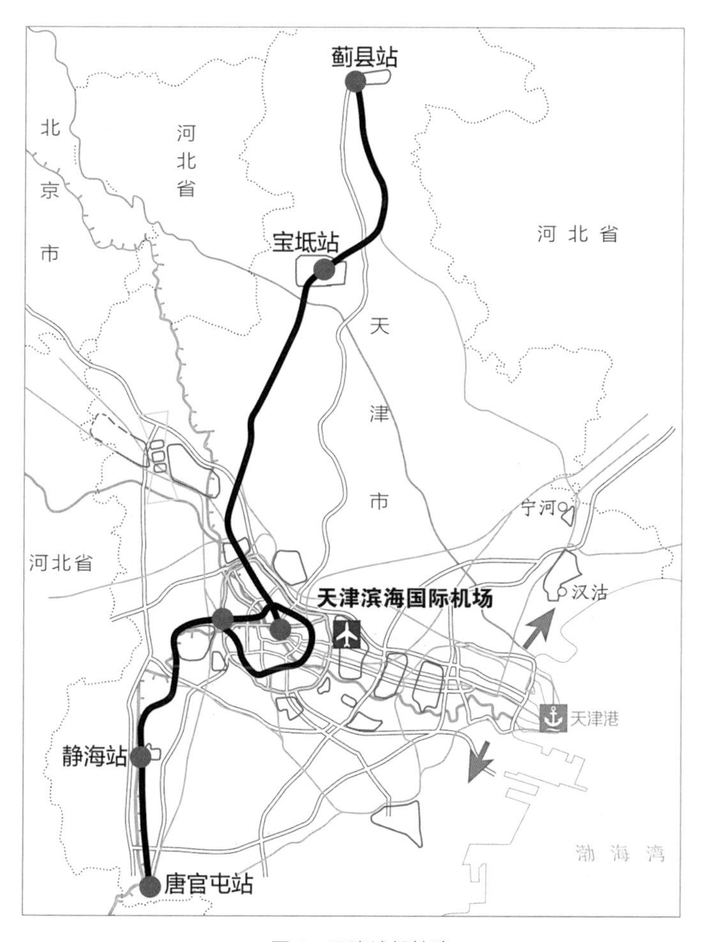

> **图 4** 天津城郊铁路

5 利用市域线加强各城区间的联系，形成带状的城市空间结构

市域线承担主要城区间快速、大运量的客运任务，服务对象是市域内的乘客。市域线把城市主要活动中心、城市对外交通枢纽、市郊主要城镇和市中心区直接相连，是城市公交结构的主要构成要素，提供市域交通服务功能。同时，市域线是城市中心区轨道网络结构的重要组成部分，线路常以径向线方式穿过市中心，具有轨道线网的骨架功能。市域线一般大、中、小编组都有，采用高频率运行模式；在中心城外站间距比较大，站点的设置和城市的发展相结合；在中心城内站间距比较小，与市内线相互连接，通常通过大型换乘枢纽或环线与市内线实现换乘。

天津的市域线必须与城市发展轴协调一致；必须有助于加强各主要城区之间的联系；必须有利于促进沿线城市开发和经济发展，对城市多中心发展起到积极的作用。所以，建议天津市域线规划 4 条，如图 5 所示，其中两条快速线路⑦、⑧用于连接中心城和港区，一条快速线路④用于连接中心城和首都第二机场，一条沿海岸的市域线将宁河—汉沽、大港与滨海中心相连。京津唐区域城际线实际上也承担了高速市域线的任务，同时连接着首都第二机场、中心城和港区。每条市域线都要连接到城市轨道交通环线上，与国铁干线、城际线和市内线都形成良好的换乘。

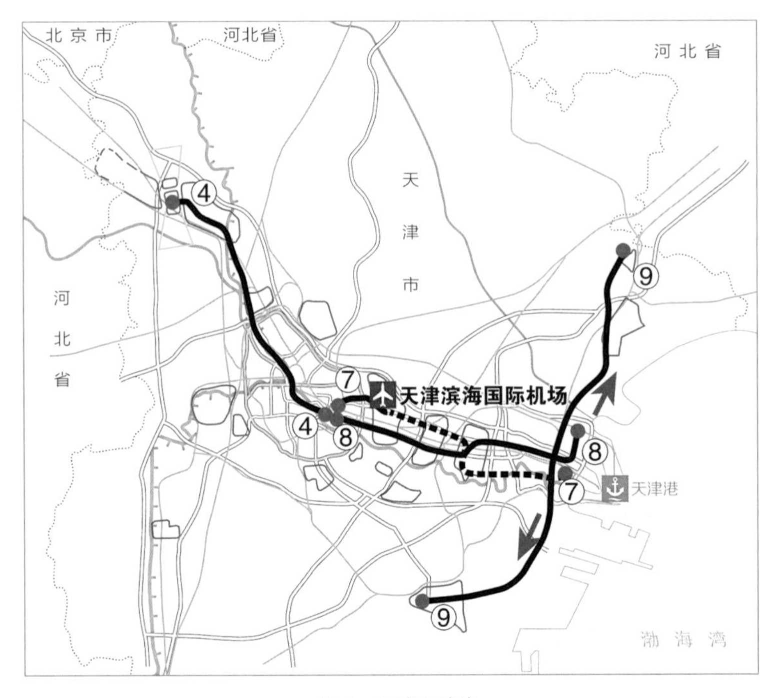

> 图 5 天津市域线

6 大力发展市内线，有效疏解中心城区的交通压力

天津的市内线是为中心城区提供服务的轨道交通线路，主要服务对象是城市内部的乘客。市内线网有地铁和轻轨两种线路形式，地铁线路穿过市区最为密集的地带，以径向线形式连接市区内主要活动中心；轻轨线路主要在城市内密集度相对低一些的地带，起到补充轨道线网的作用。市内线一般采用大编组、高频率运行模式，站间距较小，形成放射状与环线相互结合的网络，承担城市密集地带的公交化客运任务，有效疏解市区地面的交通压力。

市内线承担着天津主城区、滨海区和各组团内部的客运交通任务。天津的市内线可分为两部分：一是中心城区，建议设 1 个环、5 条线（图 6）和 1 条首都第二机场专线。其中 3 条线形成骨架网络，再加上环线和另 3 条线形成基本客运网络。另外，中心城周围的杨柳青组团、大寺组团、小淀组团保证各有两条线路接入，这样不仅有利于网络资源的整合，也有利于客流波动的修整。二是滨海新区，建议通过一条“H”形的轨道基础设施，运行 H_1、H_2、H_3、H_4、H_5、H_6，计 6 条线路，实现以“H”形的市内线和市域线的延伸线覆盖全区（图 7）。

> **图 6** 天津中心城内轨道交通线路

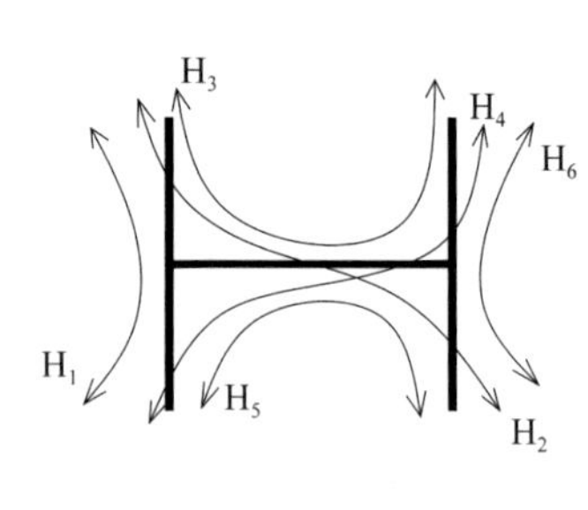

> 图 7　天津滨海区 9 号线"H"形线路

7　结语

上述五类轨道交通系统的建设，将进一步推动天津城市空间以空港、中心城、海港为三大核心，发展成为东西向带状结构。城市开发还会进一步向轨道交通站点周围集聚，核轴式城市空间结构会加速形成(图 8)。这与天津城市规划希望沿京津轴、津滨轴发展的战略是一致的。

上述天津轨道交通规划方案中，各个线路系统的功能定位明确，在使用上分工清晰，不同功能的线路承担着不同的交通需求。服务于全国的国铁干线、服务于区域的城际线、服务于市域的城郊铁路和市域线，以及服务于中心城区的市内线五类系统相互补充、相互配合，它们的功能将得到充分的发挥。

过境交通主要走城市的外围，减少交通与城市间的相互干扰。城市内部交通与城市空间发展相结合，连接城市各个主要区域，加强城市内部沟通的效率。货运交通主要在城市外围形成通道化的运输方式。城市内部的快速轨道交通将成为各城区间客运的最主要方式。

轨道交通网络建成后，较高的网络覆盖率①，将使轨道的运输能力大大增加，有效缓解道路交通压力，在公共客运交通中轨道交通将承担更多的客运周转量。同时，该网络还将使天津的城

---

① 以车站为圆心，市内线 800 m 半径，市域线 1 600 m 半径的情况下，该网络达到城区土地覆盖率 60%、人口覆盖率 80%；市域土地覆盖率 20%、人口覆盖率 80%左右。

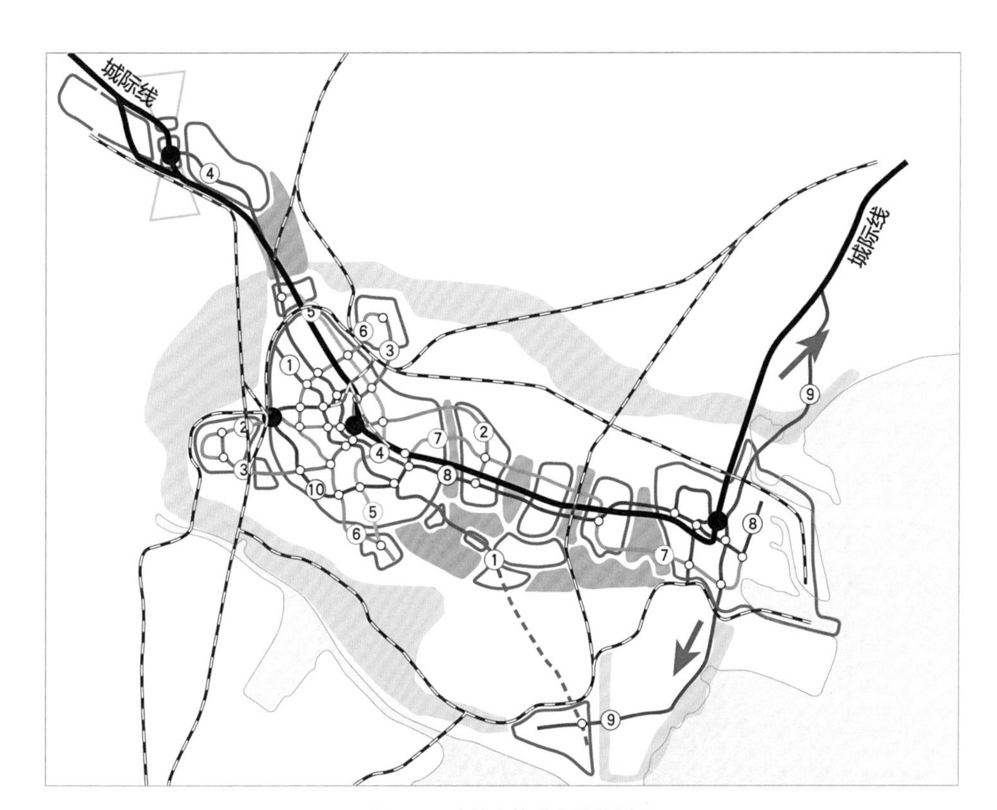

> **图 8** 天津城市轨道交通规划图

市公共交通具有较均匀的客流分布和较高的客运效率。

参考文献

[1] 清华大学建筑与城市研究所.天津交通发展战略研究[R].2004.

[2] 天津市城市总体规划(1996—2010年)[Z].2000.

[3] 吴良镛.京津冀北城乡空间发展规划研究——对该地区当前建设战略的探索之一[J].城市规划,2000,24(12):16-22.

[4] 刘武君.大都会——上海城市交通与空间结构研究[M].上海:上海科学技术出版社,2004.

(本文根据天津市委托的《天津市交通发展战略研究》课题的部分内容整理而成,发表于《城市轨道交通研究》2006年第5期)

上海东站的功能定位与实施路径研究

上海东站是上海城市总体规划和对外交通规划的重要一笔，关系到城市空间结构的建构和城市交通网络的锚固。然而东站到底应该是一个什么样的功能定位才是科学合理的呢？

1 上海城市发展轴的变迁与空间再筑

城市交通是城市发展的骨架，城市内外交通转换的门户型综合交通枢纽非常重要，它总是会引导城市空间的发展，锚固交通网络，促进城市发展轴的形成。

早前的上海是依赖水运的，其发展轴沿着黄浦江呈南北向。后来，随着浦东新区的规划建设，特别是浦东国际机场建成投运，上海的东西向城市发展轴就越来越被强化，到虹桥综合交通枢纽建成之后，依赖铁路和航空的现代上海，其东西向城市发展轴就完全取代了过去的黄浦江发展轴，成为上海城市发展的主轴(图 1)。

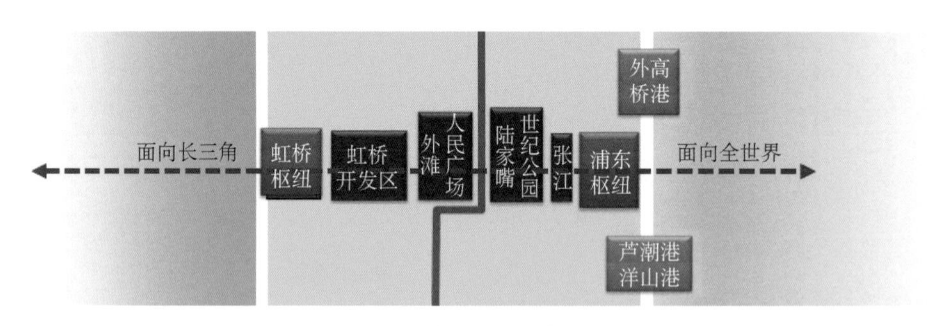

> **图 1** 上海(东西向)城市发展轴

虹桥地区集聚了沪宁、沪杭交通走廊和上海东西向城市发展轴的诸多城市要素，我们在那里规划建设了虹桥综合交通枢纽和虹桥商务区，把它的功能目标定位为“长三角的 CBD”，取得了巨大的成功。接下来，随着国家沿海大通道的规划建设，上海机场快线将在这里与沿海铁路换乘。于是，在浦东国际机场地区上海的东西向城市发展轴将与沿海大通道交集于祝桥镇，又将形成一个各种生产要素集聚的“高地”，即祝桥枢纽。未来，位于城市发展轴东西两端的两个枢纽，就如同飞机的两个发动机一样，必将带动“高铁＋航空”时代的上海经济社会的腾飞。如图 2 所示。

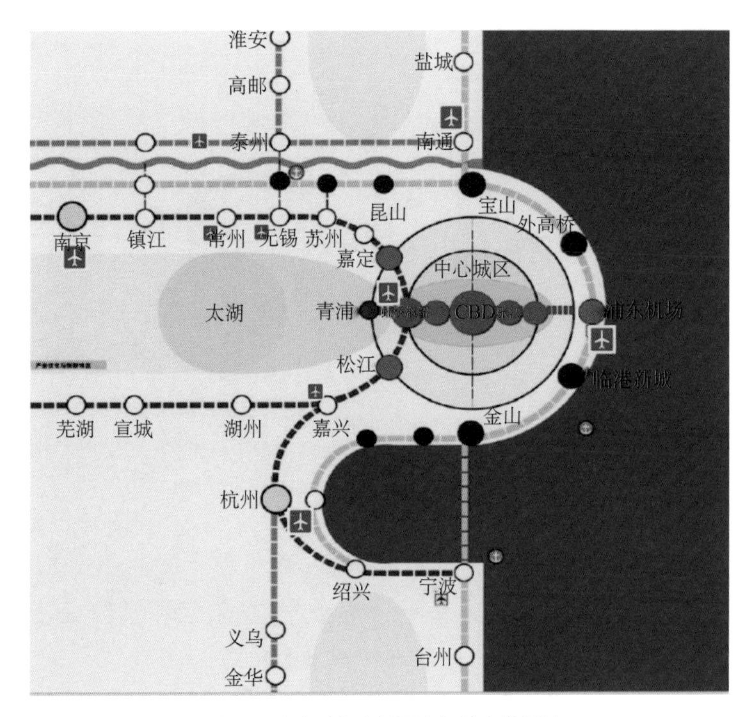

> **图 2** 上海对外交通要素与城市发展轴

2 上海机场快线及其功能定位

上海机场快线是浦东、虹桥两座机场的专用联络线，必须满足两机场间运能需求不断增长的需要。未来的上海两座机场一定会有大量的旅客量溢出，高端（商务）旅客的比例一定会越来越高，机场快线的需求也一定会越来越大。

机场快线同时也是宁沪杭铁路通道的延伸，它的主要服务对象是长三角地区使用浦东国际机场的旅客，因此，沪宁、沪杭通道上的列车一定要能够直达浦东国际机场。这是设计的“初心”，否则选用铁路制式就没有意义。当然，不一定要让沪宁、沪杭线上的每列车都开到浦东国际机场，但每个方向、每小时有 1～2 辆列车进浦东国际机场是必需的。

机场快线还是现有沪宁沪杭铁路网络与发展中的沿海铁路、南沿江铁路，以及京沪高铁二线等即将形成的新铁路线网的联络线，实际上是一条“枢纽线”（图 3）。同时，机场快线必须具备良好的空铁枢纽功能和非常便捷的旅客换乘条件，还要达到整合长三角机场群、实现长三角机场群一体化运营管理的目的。因此，该线也是上海航空枢纽的重要组成部分，是长三角机场群整合的核心设施。

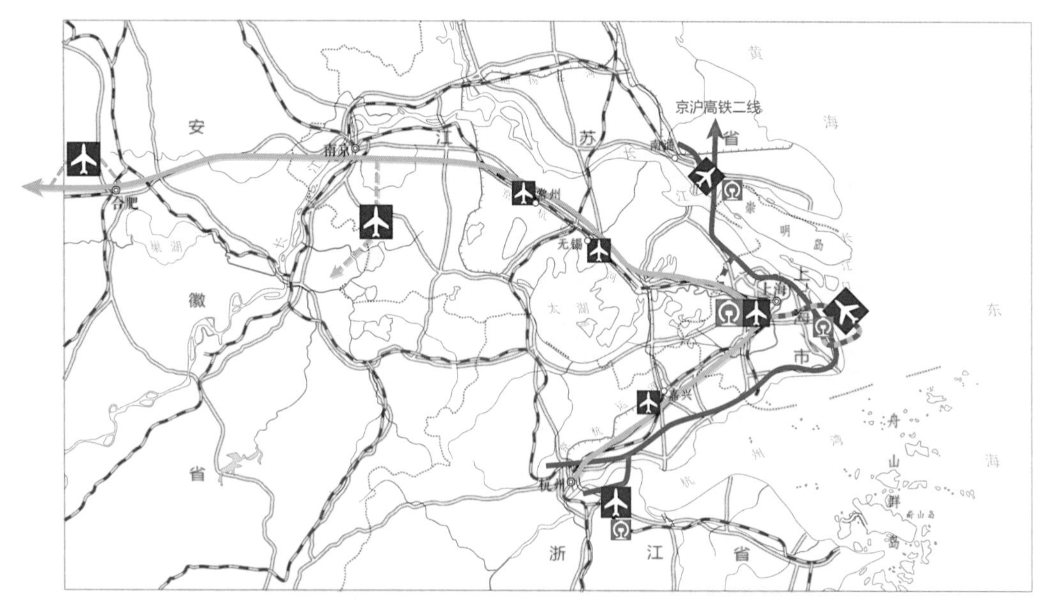

> 图 3 “虹桥枢纽”与“祝桥枢纽”

3 上海航空枢纽的升级与拓展

2017 年，上海的航空旅客运输量已经超过 1.1 亿人次。根据有关方面的预测，上海未来 20～30 年的航空旅客运输量有可能增长到每年 2 亿～3 亿人次，这是上海无法承担的。上海必须转变发展方式，有所为有所不为，出路就是规划建设长三角机场群，用一个机场体系，而不是 1～2 座机场去承担整个区域的运量。

2018 年 1 月长三角地区（沪苏浙皖）主要领导举行座谈会，就建设长三角城市群、深化区域合作机制等议题进行了深入讨论，期间有关方面签署了《关于共同推进长三角地区民航协同发展努力打造长三角世界级机场群合作协议》（以下简称《协议》）。《协议》提出：“各方将以提升上海国际航空枢纽功能和国际竞争力为引领，充分发挥各种交通方式的比较优势和协同作用，推动区域内各机场的合理分工定位、差异化经营，加快形成良性竞争、错位发展的发展格局，构建分工更明确、功能更齐全、合作更紧密、联通更顺畅、运行更高效的机场体系，实现到 2030 年建成世界一流城市群和世界级机场群的目标。”

因此，未来的上海航空枢纽应该是由长三角诸机场一起来构成的。它应该是一个“以浦东机场为龙头，以萧山机场、南通机场为两翼，以虹桥机场、禄口机场、合肥机场、无锡机场等为依托，以嘉兴、宁波、台州、温州、扬州、盐城、淮安等机场为补充的机场体系”，而这些机场之间的联系是以高速铁路等铁路交通为主的。

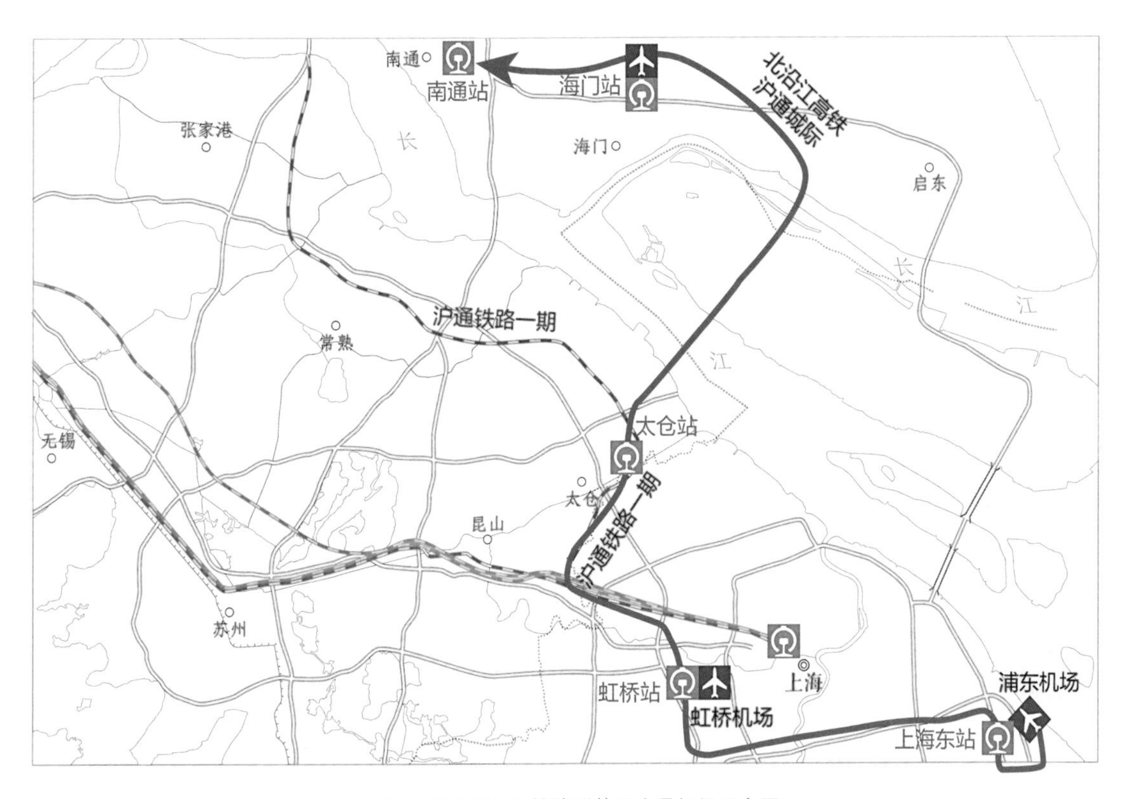

> **图 4** 将上海机场快线延伸至南通机场示意图

4 沿海大通道与祝桥综合交通枢纽的功能定位

规划建设中的沿海铁路是国家沿海大通道的重要组成部分，特别是上海以北的这一段还被定义为京沪高铁二线。沿海大通道的规划建设必将进一步拉近苏北、山东，以及浙南、福建与上海(特别是浦东)的距离，终将造就不亚于宁沪杭的对外交通走廊。传统的宁沪杭大通道与沿海大通道是由机场快线来连接的，其连接点就是虹桥站和上海东站。

沪宁沪杭铁路与上海东西发展轴交汇在虹桥机场西侧，形成了虹桥枢纽；沿海铁路与上海东西发展轴交汇在浦东机场西侧，也应该形成“祝桥枢纽”，祝桥枢纽的规模或许会比虹桥枢纽的规模小一些，但功能和地位是相近的。因此，上海东站不是一般的铁路车站，它应该是一个类似于虹桥枢纽的综合交通枢纽，包含空、路、铁和各种城市集输运方式的相关设施。上海机场快线和东站的规划建设，必须达到“整合长三角机场群、枢纽网络和城市群”的目的。这就需要站得高一点、看得远一点、想得深一点、动得早一点、做得细一点，最起码不能输给十年前规划建设的虹桥枢纽。

5　祝桥综合交通枢纽的实施路径

现在，沪通铁路、京沪高铁二线、机场快线、浦东国际机场扩建、萧山机场扩建等项目都已启动或开工，祝桥枢纽的实施已经非常紧迫。为了高水平、高效率地推进祝桥枢纽的规划建设，必须推进以下工作。

第一，尽快成立对项目全生命周期负责的项目公司。机场快线主要是为机场服务的，应认真研究上海航空枢纽发展的需求，机场集团应积极参与投资建设和运行管理。机场快线涉及复杂的建设与运行管理体制，众多因素需要协调。建议成立市领导担任组长的领导小组和工程建设指挥部。目前来看，机场快线工程已经是时间紧、任务重了，建议先建立工程建设指挥部，让工程建设与公司治理两个课题同时推进。

第二，鉴于祝桥枢纽工程涉及诸多管理和运营主体，非常复杂，难度极大，需要一个纵览全局的、统一且有力的指挥体系。为此，建议将浦东国际机场的 T4 航站楼的规划建设也一并纳入东站的建设范畴之内，由祝桥枢纽建设指挥部统一协调，甚至交给该指挥部负责规划建设。这样才有利于项目的实施，有利于铁路网和机场群的整合，最终达成空铁一体化运营的目标。同时还建议将京沪高铁二线、沪通铁路、沪乍杭铁路、上海东站与机场快线合并研究，甚至交该建设指挥部统一研究。这样有利于在未来沿海铁路网络规划建设中，结合空铁运营需求，统筹兼顾、协调各方、科学推进。

第三，必须保证机场快线的运行速度和服务水平。从杭州到虹桥只要 40 min，从虹桥枢纽到浦东国际机场超过 40 min 的话是不合适的，建议在虹桥枢纽至浦东国际机场之间的所有车站都设置越行线，以使沪宁沪杭线上的高铁列车能够从虹桥枢纽直达浦东国际机场，也要为两机场间开行直达车提供可能。

第四，进一步整合铁路东站与浦东国际机场的功能。在规划设计中，应进一步明确铁路东站和浦东国际机场的功能关系，设施紧密结合。如果让从沿海铁路来上海东站的旅客还必须带着行李转乘机场快线去浦东国际机场 1 号、2 号、3 号航站楼也是不能接受的，必须在东站规划建设浦东国际机场的 4 号航站主楼，让旅客直接进入浦东国际机场。

因此，东站的设施由东至西，应该是“航站楼、机场快线、铁路车站”这样的布局(图 5)。这与虹桥枢纽的布局是相似的。在建议方案一中，还需要切实可行的“浦东国际机场 4 号航站楼空侧运行方案”。

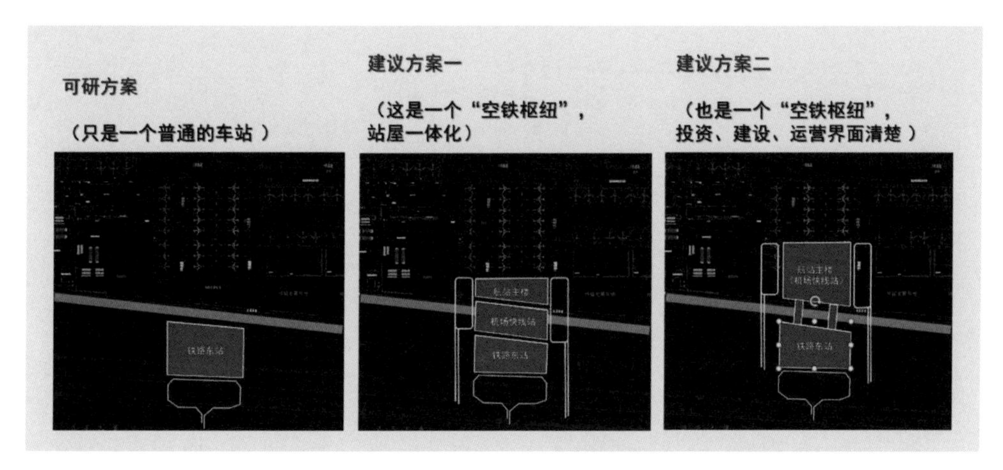

> **图 5** 祝桥枢纽核心设施的方案比选

第五，所有车站，特别是虹桥枢纽站、迪士尼站和祝桥站(即上海东站)，都应根据各自的市场环境和具体条件，布置不同的远程值机设施和其他必要的机场航站设施，以方便旅客办票和托运行李。

6 立即着手萧浦铁路的实施推进工作

为实现长三角城市群和机场群间的协调发展、协同运营、互补共赢，铁路网的规划建设至关重要。长三角机场群的协调发展很大程度上取决于机场间高效、便捷、绿色、环保的铁路连接，取决于机场航站楼与铁路车站的高效衔接。这种高效衔接能够在更大范围、更高层次上满足旅客的便捷出行，对促进长三角空陆综合运输体系的融合，促进区域社会经济的一体化，推动长三角城市群对外开放、对接“一带一路”倡议，并迅速地成长为具有全球影响力的世界级城市群等，都具有十分重要的作用。

虽然长三角机场群与铁路网的建成还需要相当长的时间，但在这一规划的指导下，当前就能做许多工作。比如，上海东站、萧山机场新航站楼、萧山机场站、沪乍杭铁路等重大交通基础设施项目均已开工，只要对现有的规划设计做适当的线路调整和改造，即可实现浦东国际机场与杭州机场间的快速铁路连接。根据上述规划，建议打通上海东站经金山站、海宁站、桐乡站、江东站、萧山机场站，至杭州南站的快速铁路通道（图 6）。

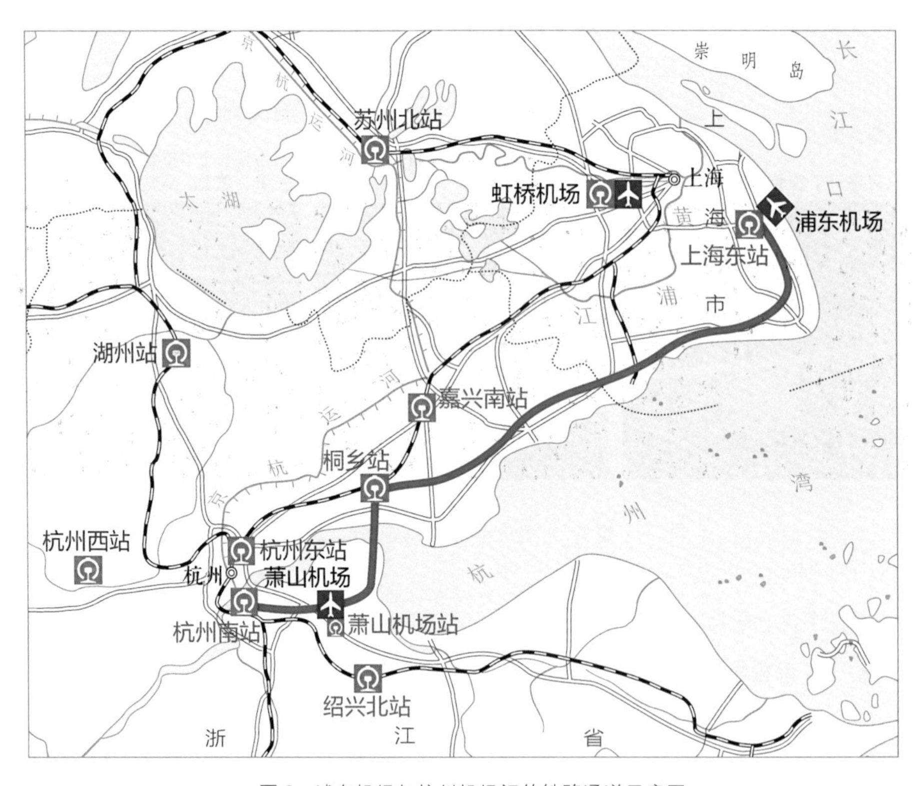

> **图 6** 浦东机场与杭州机场间的铁路通道示意图

当前，利用沪乍杭铁路建设这一契机，仅需增建萧山机场站北向延伸线至桐乡站接入沪乍杭铁路即可，对既有规划线路的调整和对未来建设的影响都很小，具有较好的可行性和可操作性。该通道一旦打通，就可以开行杭州南站—上海东站（浦东国际机场）间的直通列车。

其实，浦东国际机场向北，沪通铁路已经开工，今后还要建设京沪高铁二线，因此未来也可以类似于浦东机场与萧山机场之间的快速铁路一样，开通运营浦东国际机场与南通机场之间的铁路快线（图 3）。再加上已经运营的沪宁、沪杭客运专列和即将开工的上海机场快线，这样一来，浦东国际机场、虹桥机场、萧山机场、南通机场为主体的上海航空枢纽体系就会形成，并将得到快速的发展。同时，也就会进一步促进长三角城市群和区域铁路网络的完善，航空与铁路的一体化就会进一步加强。

因此，尽快开通浦东国际机场与萧山机场间的快速铁路线示范意义重大。因为它是促进长三角城市群一体化发展的需要；它是长三角地区构建“组合航空枢纽”的需要；它是提升长三角机场群整体运输能力和可靠性的需要，通过铁路连接，可发掘市场潜力，提升各机场与周边机场协调应急能力；它是实现机场间协同运营、满足机场间相互备降及旅客转场的现实需要，铁路连接机场后，可大幅提高机场备降航班的服务水平。

7 结语

交通，尤其是对外交通总是在不停地塑造我们的城市，通过虹桥综合交通枢纽的规划建设，上海完成了一次华丽的升级。在东面，希望也能够规划建设出一个全新的祝桥综合交通枢纽，并使之成为上海又一张靓丽的名片。

因此，上海东站不能只是一个简单的火车站，它就应该是“祝桥综合交通枢纽”，它就必须是：中国改革开放的窗口，国际性航空枢纽；国家沿海大通道上的重要交通枢纽；上海通向长三角的门户枢纽；上海东部经济的活力中心，辐射长三角的服务业聚集地。

（本文发表于《交通与港航》2018 年第 10 期）

公共交通与城市

上海未来交通发展对策之管见

近期,北京、广州两地为缓解日益严重的城市交通拥堵状况,相继出台了综合治理交通拥堵的一揽子措施,引起较大社会反响。上海与北京、广州同为特大城市,交通发展形势较为相似,两地的相关措施对我们是有较强启示意义的。但是,交通问题错综复杂、因地因时而异,需要我们结合上海的实际,对京穗两地综合治理交通拥堵的措施进行研究,提出上海的发展思路和策略。

1 对未来上海交通量的预测

根据上海市城市综合交通规划研究所的预测,到 2015 年全市人员日均出行总量约 5 700 万人次,较目前增长 25%左右;中心城交通需求持续增长,将达到 3 300 万人次,较目前增加 10%左右;进出中心城方向的放射性通道的交通压力将更加紧张,预测 2015 年进出外环的出行量将达到 550 万人次,较目前增加 40%左右①。针对这一预测,马上有人提出增加道路供给的方案。显然,这种"水多加面、面多加水"的办法是有极限的。

2 世博会交通保障的经验

总结上海世博会期间交通保障的经验,大家普遍认为有以下几点。一是世博会期间建立了一个跨地区、跨部门、跨行业、跨企业的交通管理体制和一体化的交通指挥系统;二是构建了以轨道交通为主体,地面交通为基础,其他交通方式为补充的世博会公共交通服务网络(世博会期间 90%以上的参观者利用公共交通);三是依靠交通信息系统和广大交通干警努力,开展了全面、精细的道路交通的运营管理;四是通过引入 GPS、视频监控等信息化手段,为世博会交通和城市综合交通提供了全面高效的信息服务与管理。

从不同的角度还会总结出更多的经验,但是最关键的其实就是 8 个字:公交为主、精细管理。如果没有 90%以上的游客使用公共交通进场的话,其他都无从谈起了。

3 思路和策略

针对上海交通的现状和问题,参考京穗两地的治堵对策,众多专家和领导从不同的角度提出了许多解决方案,但基本上都是治标不治本。上海到了必须考虑其综合交通体系的终端模式的

---

① 引自上海市城市综合交通规划研究所《关于世博后上海城市交通管理与政策的初步思考》第 5 页。

时候了。

对于交通专业工作者来说，交通设施的建设满足交通需求的增长是“公理”。但城市交通是支撑城市文化、经济、社会发展的，不可能不考虑城市环境和交通设施用地比例等一系列城市规划课题。从城市发展的角度来看，上海中心城道路网已经进入了成熟阶段，不可能也不应该再按照出行量的增加来扩大规模。未来的主要任务是改善路网瓶颈，从管理上提高效率。

随着城市经济、社会的不断发展，上海的出行量还会增加。对于不断增加的出行量，应该针对不同的区域，采取不同的应对措施；必须让公共交通，特别是轨道交通承担更大的份额。因此，我们建议根据城市总体规划的定位，通过对城市发展现状的研究，将上海全域划分为若干个区域。比如：将内环以内及中环内的黄浦江沿岸区域定为第一类区域。该区域内倡导“步行加轨道”的出行模式，必须做到轨道交通（或 BRT）站点 500 m 半径全覆盖。对于该区域内还没有做到的地区，规划上必须进一步加密轨道线网，区域内不再新辟道路，不再建设停车场、停车楼。该区域内的车站和站前广场的建设应充分体现步行优先的原则，车站附近不建设集中的停车设施（包括自行车停车设施）。

第一类区域以外、浦西外环以内、浦东中环以内的区域定为第二类区域。该区域内倡导“自行车加轨道”和“公交车加轨道”的出行模式，原则上不再建设大规模的道路、停车场、停车楼。该区域内必须做到轨道交通站点 1 000 m（左右）半径全覆盖。该地区的车站和站前广场的建设也应保证步行、自行车、公交车与轨道交通便捷换乘，车站附近需要规划建设集中的自行车停车设施。

第三类区域是中心城以外的交通轴（或城市发展轴）地区。该区域内同样倡导“自行车加轨道”和“公交车加轨道”的出行模式。该区域宜做到轨道交通站点 2 000 m（左右）半径的覆盖。该区域的车站和站前广场的建设应保证自行车、公交车与轨道交通的便捷换乘，但车站附近需规划建设大规模、集中的停车设施，以满足城际和周围地区的 P＋R（Park and Ride，停车换乘）需求。

第四类区域是上述三类区域以外的广大郊区。该区域内要充分考虑“私家车加轨道”“公交车加轨道”和“私家车加铁道”的出行模式。该区域内应根据实际情况规划建设相应的道路网络，与轨道交通的建设紧密结合建设停车场、楼，并为各种交通方式的换乘提供最大的便利。

上述方案的实质是根据城市总体规划的定位划分不同的区域，对不同的区域采用不同的交通政策，通过发展以轨道交通为核心的“组合出行”①，降低单车日均行驶里程，从而控制道路建

① “组合出行”是指使用两种以上的交通工具完成一次出行的出行模式。请参阅上海科学技术出版社 1999 年出版，刘武君著《大都会——上海城市交通与空间结构研究》第 67 页。

设的需求，达到保护城市环境、提高城市运营效率的目的。

4 制度、法规和设施的保障

为了实现上述公交优先的“组合出行”，必须保障公交乘客的尊严，即市民能够像自己开车一样“西装革履地乘公交”。要做到这一条，必须保证足够的运输能力和便捷的换乘。运输能力表现为合理的线网覆盖率和充足的车辆数，为了提高运输能力，上海市已经有了一个高速发展的详细规划。便捷换乘实质上是关系到车站枢纽的规划建设和运营管理问题，这个问题非常严重。根据我们的调研，除了少数位于商业中心的轨道交通车站外，几乎所有的车站都是交通拥堵点。商业中心的车站主要换乘方式为步行，因此避免了拥堵。

导致这一严重问题的原因，主要是因为轨道交通运量大，需要有多种交通方式在车站接驳、摆渡，而车站几乎没有相应的设施，也很少有为这些接驳交通作准备的交通广场或开敞空间。为了探索解决这一问题的途径，我们曾编译了国内外相关资料，出版了《城市轨道交通站前广场规划设计》①一书，并在上海轨道交通 3 号线北延伸线上的几座车站开展了站前广场的规划设计和建设工作。但是，除了两三座车站稍有进步以外，这些努力的效果均不明显。

要解决轨道交通站前广场问题可从以下几个方面入手：

一是要协调、整合现存的各种交通方式的相关政策和管理制度。交叉、多变的管理网络是做好交通换乘工作的最大障碍。现在，各种交通方式都有自己的政策、制度、发展规划和利益结构，需要以轨道交通的建设和运营为契机对其进行全面的调整。

二是要对枢纽的投融资体制进行改革，整合以车站为中心的站前地区的投资建设、运营管理实体。目前申通地铁集团、公交公司、出租车公司、所在区政府等，都是这一狭窄地域的投资者或运营商，都只管自己一部分，根本不可能做到统一规划、统一建设、协调运营、统一维护、统一管理。市建交委虽能对这些部门和公司实施政府管理，但它不是建设和运营的实体。

三是要全面整合站前地区规划、设计、建设、运营的相关法规。在现状法规的环境下，站前交通换乘设施的统一建设和运营是不可能的。即使申通地铁集团愿意结合车站的建设一起建设站前广场，在现有法规环境下，它也无法得到所需土地。按照现状法规体系，只能是地铁批地铁用地、公交批公交用地…… 然后各自按自己的法规做自己的规划、设计、施工、运营、维护等。

四是要加强综合交通枢纽的建设、运营研究。上海已经有了许多枢纽建设、运营的实践，有

① 上海科学技术出版社 2005 年出版，顾承东等著。

必要抓紧开展枢纽相关的理论研究，总结经验教训。这既有利于改进枢纽建设和运营，也是对国家综合交通体系建设的一大贡献。

为此，建议市有关部门针对全市所有轨道交通车站、将建成的车站和规划中的车站进行一次普查，对所有车站开展交通换乘的详细规划设计，并据此调整车站所在地区（500～1 000 m 半径）的控制性详细规划。

5 结语

上海的出行总量还会增加，上海的地上交通设施已经饱和，出路就是“发展公共交通”。世博会是一次成功的尝试。

“公交优先”已是上海交通发展的共识和既定政策，但面积不大的上海也应根据城市总体规划的要求，针对不同的地区采用不同的交通策略和措施。需要强调的是公交优先政策成败的关键是站前广场或曰枢纽建设和运营是否成功。

枢纽的建设和运营需要在政策、制度、法规等多个方面对现有体制做出重大突破。这已经是摆在我们面前非常急迫的课题。

（本文发表于《上海城市发展》2012 年第 3 期）

基于“分层公共交通”策略的珠海市公共交通规划研究

1 引言

珠海市作为我国珠三角地区重要的交通枢纽及经济中心，城市的发展对于交通合理规划的需求日益增大。如何利用公共交通系统将市内上下班单程控制在“一小时通勤圈”内，同时以珠海为核心，将一日内可往返抵达的“一日交通圈”扩大，不仅与城市经济的发展及产业覆盖面有关，也与公共交通体系的对接及发展关系有关。另一方面，城市结构在空间上的发展与公共交通的覆盖面及其功能开发同样息息相关，而对于珠海这样一个珠三角核心城市，以何种角度看待不同公共交通系统对城市发展的作用，分层研究，合理规划，同样也是重新定义其城市空间结构的重要过程。

2 珠海市“分层公共交通”策略的理念

珠海作为珠三角西岸的核心城市，高速公路系统已经完全整合到区域网络中。特别是在港珠澳大桥建成后，珠海在整个区域交通网络中的地位得到进一步的提升，直接成为“三角”中的一极。在对外轨道交通方面，珠海依托规划城际铁路与整个珠三角相连。按照如图 1 所示规划，广珠城际线通过横琴延伸到珠海机场，广佛江珠城际线穿过整个西部新城，珠斗城际线与广珠铁路客运支线也已经纳入规划。珠海市内的城市轨道交通规划已启动，如何使城市轨道交通与外部城际线合理整合，形成珠海城市公共交通网络，并利用轨道交通引导城市开发及空间结构的拓展，将是珠海市轨道交通网络规划的重点。

根据运行特点的不同，公共交通系统可以分为不同的层次，每一层次在公共交通系统中所具备的具体功能不同。珠海的公共交通网络可以分成四个层次，即城际轨道交通（含铁路）、城市轨道交通、地面有轨电车和短驳性质的线路公交巴士。

城际线作为珠海与整个珠三角区域的衔接线，决定了珠海市“一日交通圈”的大小。因此，可将与外界沟通的城际交通系统划分为公共交通的第一层次。落实城市“公交优先”理念的核心是“轨道为主”，所以将城市轨道交通系统划分为公共交通的第二层次。珠海目前正在大力发展有轨电车系统，该系统站间距小、铺设范围小，在市域各个区域的内部可以广泛使用，所以可将地面有轨电车系统作为公共交通的第三层次。珠海公共交通网的最后一个层次就是各种线路公交巴士系统，虽然线路巴士的运行受大量不确定因素的影响，但是它能够兼顾那些轨道交通系统依然无法通达的区域，同时为以上三个层次所形成的轨道网提供喂给、接驳。

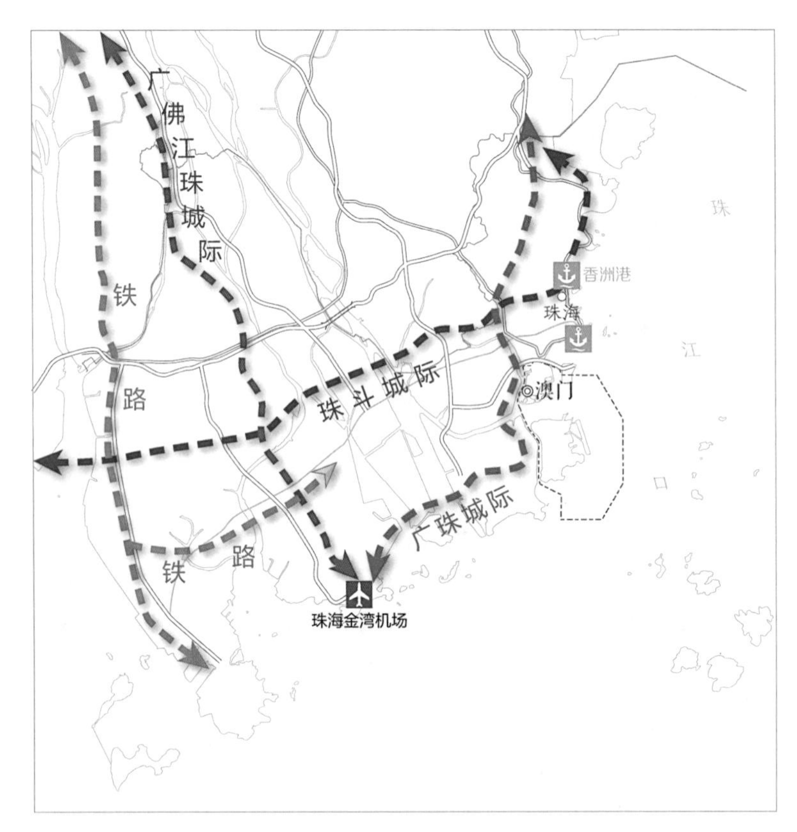

> 图 1　珠海城际轨道交通和铁路规划示意图

3　基于“分层公共交通”策略的珠海市轨道交通网络规划

“分层公共交通”策略从第一层次开始，逐层对公共交通进行规划。每一层根据各自功能的不同解决不同的交通需求，并考虑与上、下一层的对接。通过分层对不同公共交通所承担的功能进行区分，系统性地提高公共交通服务水平。

具体应用到珠海市的公共交通规划中，广珠城际轨道交通、广佛江珠城际轨道交通、珠斗城际线及广珠铁路共同构成了珠海公共交通网的第一层次：快速城际轨道交通系统（图 2）。通过第一层次的城际公共交通系统，珠海的“一日交通圈”将覆盖整个泛珠三角区域、福建沿海城镇群、长株潭城市群、桂南和桂北城市群，在琼州海峡铁路开通后甚至可以辐射琼北城市群。

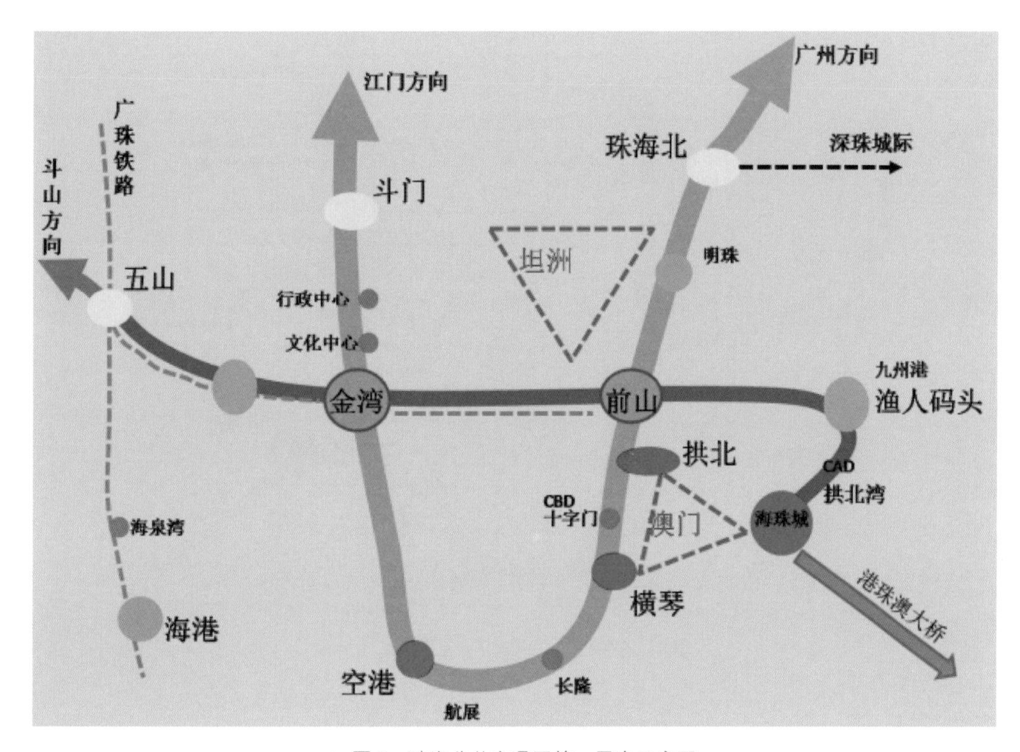

> **图 2** 珠海公共交通网第一层次示意图

珠海公共交通网的第二层次是三条城市轨道交通线路建立起来的系统。通过市内的轨道交通线 L1 把东西城区及三个城市轴串联起来,并带动沿线的发展;通过城市轨道交通 L2 及 L3 分别辐射东部城区及西部城区;在珠海公共交通网的第一层次,即城际轨道交通系统的基础上加入上述三条城市轨道交通线,就得到了珠海公共交通网的第一、二层次示意图(图 3)。

珠海市公共交通系统的第三层次为地面有轨电车系统。通过研究,珠海横琴岛内规划了三条地面有轨电车线路(G1、G2、G3),都进入横琴口岸综合交通枢纽;在环拱北湾地带规划一条地面有轨电车的环线(G4),串联沿岸旅游观光设施、公共设施。另外,在珠海市区内,如西部新城等其他有条件的区域,或车道数较多的道路上,根据需求都可以再规划地面有轨电车线路(Gn),以取代有一定运量的线路公交巴士,在第一、二层公共交通系统的基础上铺设第三层公共交通系统(图 4)。

珠海公共交通网的第四个层次是各种线路公交巴士系统,为以上三个层次补给和完善短驳线路网,这些线路公交巴士都以轨道网的车站为中心来组织运营线路。至此,基于"分层公共交

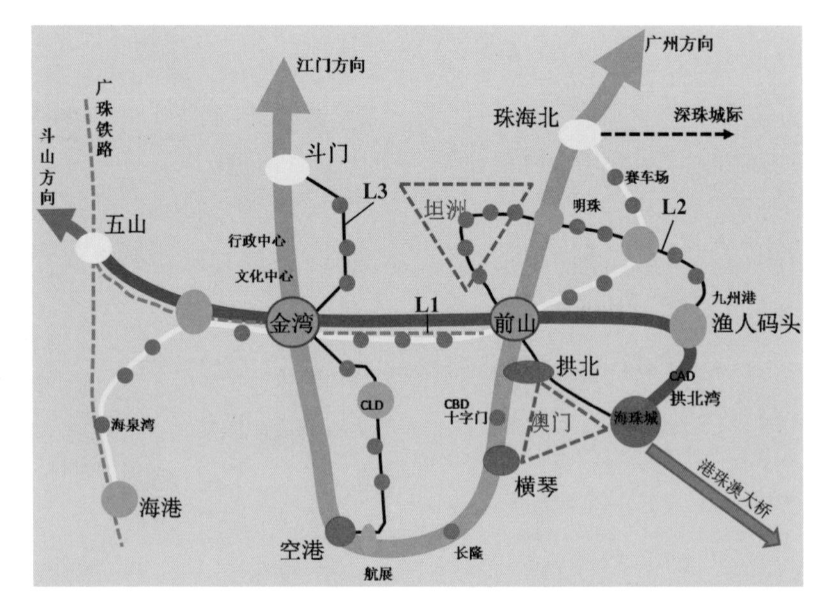

> 图 3　珠海公共交通网第一、二层次示意图

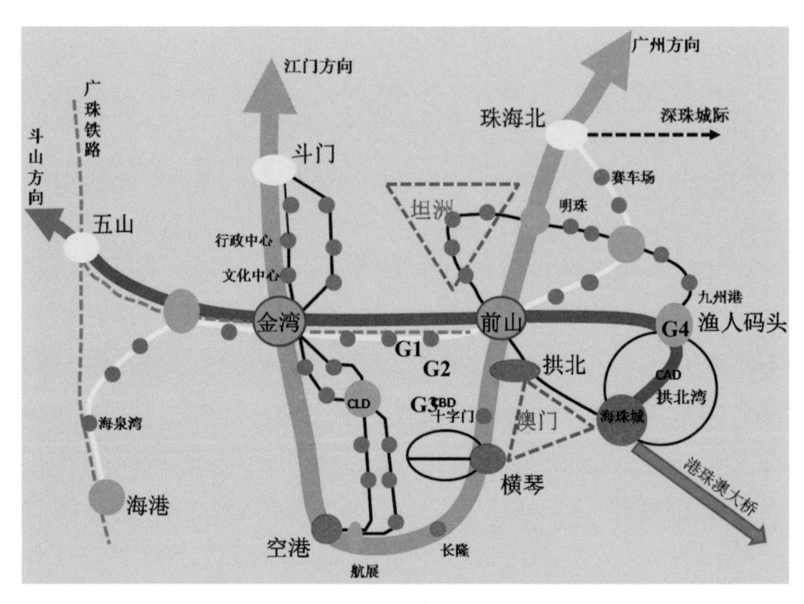

> 图 4　珠海公共交通网第一、二、三层次示意图

通”概念的珠海公共交通骨干网就形成了。通过这一网络将珠海市内主要的口岸、交通枢纽及公共设施等串联在了一起。

除了每一层次的公共交通方式各自履行其主要功能之外，在每一个层次的交通网络叠加过程中，各种交通方式的“交叉点”即“综合交通枢纽”同样是规划的重点。在规划交叉点时，不仅要为各种交通方式预留空间和条件，更要考虑换乘的便捷性及舒适性，这不仅与规划理念相关，更与管理体制相关。判断综合交通枢纽的质量，可以通过以下标准进行衡量：

(1) 利用公共交通的“一小时通勤圈”是否覆盖了全市域。现阶段珠海公共交通网的规划建设目标为 60 min 覆盖全市域，45 min 覆盖 80%以上的建成区。

(2) “一日交通圈”能够覆盖多大范围。从各大综合交通枢纽出发通过公共交通网络单程 3 h 能够到达哪里，交通工具的运行频率如何，时刻是否合适等。

(3) 交通枢纽的换乘是否便捷。针对珠海的交通枢纽的规划设计，换乘时间和距离应该控制在 10 min 和 200 m 之内。

只有这样，才能够保证“一小时通勤圈”和“一日交通圈”规划目标的实现。

4 公共交通系统引导并再筑城市空间结构

一般城市道路所支撑的是沿线匀质发展的城市结构，高速公路会促成闸口城镇的发展和无闸口城镇的衰退(图 5)。而采用“公交优先、轨道为主”的客运交通体系的时候，以轨道交通车站为核心的周围地区的容积率会急剧增高，然后向其周围地区逐渐摊开，城镇空间结构就会出现一串串城镇“核”，使城市呈现“核轴式”发展模式(图 6)。

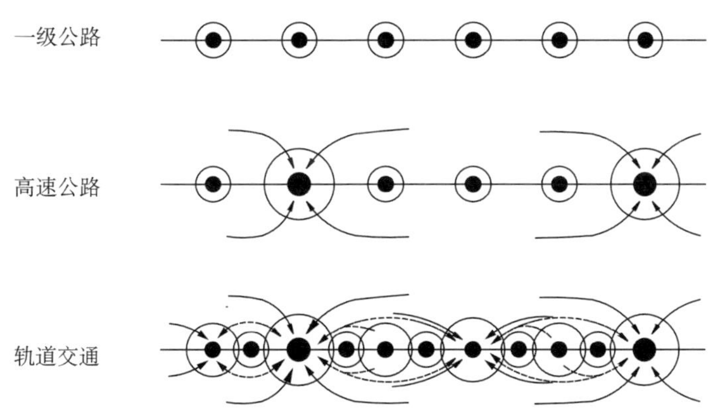

> **图 5** 不同交通方式引导的城镇空间发展模式

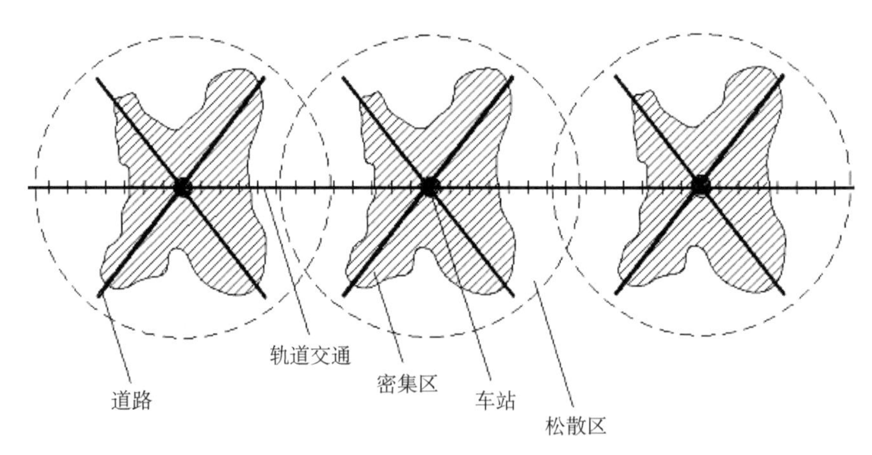

> **图 6** 轨道交通引导的城市“核轴式”发展模式

现行的珠海城市规划采用的是典型的组团式发展模式(图 7),多个组团各自相对独立,这是比较有利于个体交通方式发展的模式。当在珠海实现了“公交优先、轨道为主”的规划之后,珠海的城市发展模式也会改变,逐步从现在的大组团式的发展模式向“核轴式”发展模式转变,呈现出全新的城市结构景观(图 8)。

> **图 7** 现行的珠海城市发展组团模式

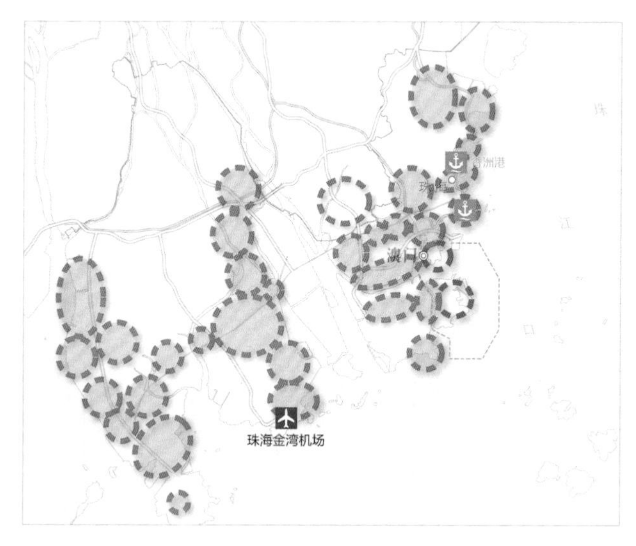

> **图 8** 珠海从组团式发展向“核轴式”发展的转变

5 以横琴为例的“分层公共交通”策略应用

横琴作为珠海未来面向澳门的门户枢纽，一方面将汇集各种交通方式，另一方面又享有国家“先行先试”的政策，因此在横琴实践“分层公共交通”策略具有得天独厚的优势。

5.1 第一层次：外部公共交通线路

横琴一面接入了珠三角地区的城际轨道交通线路，一面还接入了澳门地区的轻轨交通，那么，对外公共交通线路就构成了横琴“分层公共交通”的第一层次。如图 9 所示，广珠城际延伸线从拱北进入横琴，然后还要延伸至机场。如图 10 所示的澳门轻轨规划到达横琴口岸后再转回澳门大学，然后回到澳门方向。这样，两个方向的外部公共交通线路便在横琴口岸形成了一个枢纽。

通过第一层次对外公共交通系统的规划，灵活而便捷地实现了横琴贯通珠三角地区与澳门的枢纽功能，为横琴实现内地与澳门之间核心口岸功能提供了条件。

5.2 第二层次：内部有轨电车系统

横琴岛本身带状的城区发展布局很适合铺设有轨电车系统，因此在横琴新区规划的地面有轨电车就构成了其“分层公共交通”的第二层次。有轨电车的规划，大胆履行“先行先试”原则，确立有轨电车系统在公交中的地位，使公共交通的使用效率上升，体现“公交优先，轨道为主”的理念。另外，每一条有轨电车线路 G1、G2、G3 都汇到横琴口岸综合交通枢纽来换乘（图 11），与第

> **图9** 广珠城际延伸线线路平面示意图

一层次的公共交通线路实现衔接。

5.3 第三层次:公交巴士交通系统

由于横琴岛本身面积不大,因此在第二层次基础之上规划的第三层次公交巴士系统宜以短驳功能为主。在没有建成地面有轨电车系统之前,可以沿规划有轨电车线路用快速公交来代替,并与第一、二层公共交通系统在横琴口岸实现换乘。

5.4 “核轴式”城市空间结构发展的实现

在横琴口岸综合交通枢纽,三个层次的公共交通汇聚于此实现便捷的换乘。综合交通枢纽与口岸整合后,这里便成为横琴新区城市发展最重要的“核”,并带动周边地区的发展。自横琴口岸综合交通枢纽向北将形成往十字门地区 CBD 方向发展的滨水休闲街区,自枢纽向西将形成代表横琴形象的行政文化中心,通过公共交通的引导形成“核轴式”城市空间结构发展的特征。这样,通过“分层公共交通”策略规划横琴公共交通系统,也将重筑横琴的城市空间结构。

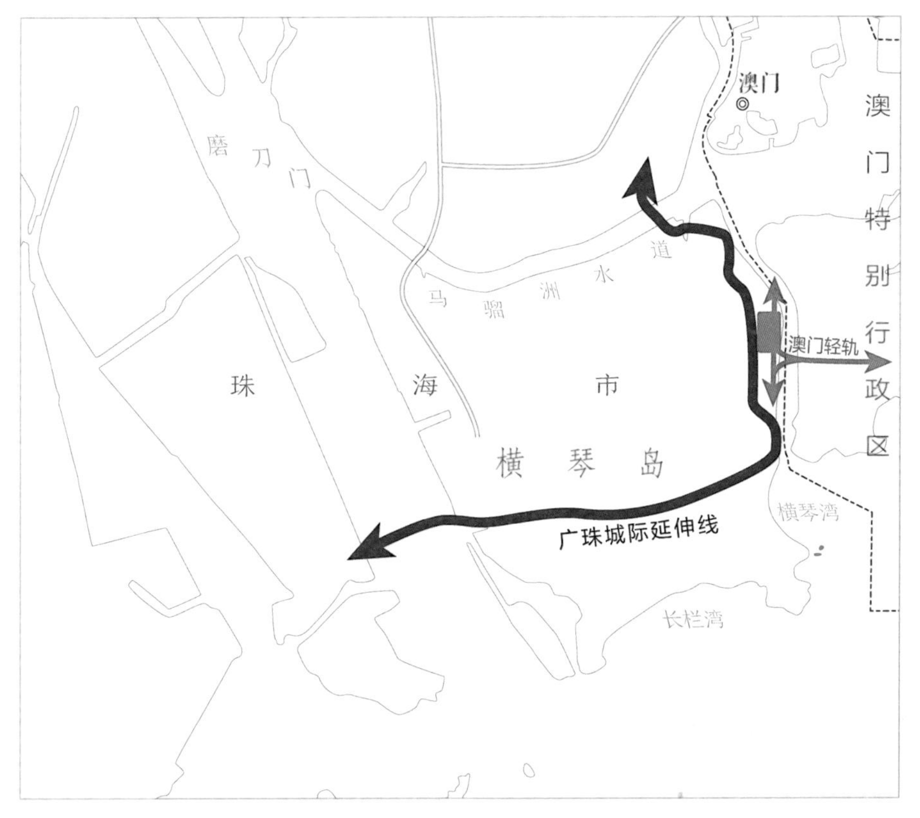

> 图 10　澳门轻轨建议线路和设站方案图

6　结语

在对珠海进行公共交通系统规划的过程中，通过“分层公共交通”策略建立起珠海公共交通网络系统，这是一个取各种交通方式之所长、有机整合的大系统。“公交优先、轨道为主”的客运交通体系，则奠定了珠海拓展自己的“一小时通勤圈”和“一日交通圈”的基础。以轨道交通为主骨架建立公共交通体系，以公交网络引导城市开发，由公共交通网络串起来的“核轴式”城市空间将使珠海城市发展的同时，使珠海的生态环境得以保护，宜居城市的地位得以保持。

横琴新区具有“先行先试”的优势，所有政策、制度均可探索，建议按照“公交优先、轨道为主”的理念，规划建设岛上的公共交通网络，对个体交通方式进行控制，同时提供方便的公交进出服务，这样才能保证横琴新区“低碳、环保、高效”的出行模式和“核轴式”城市发展模式。

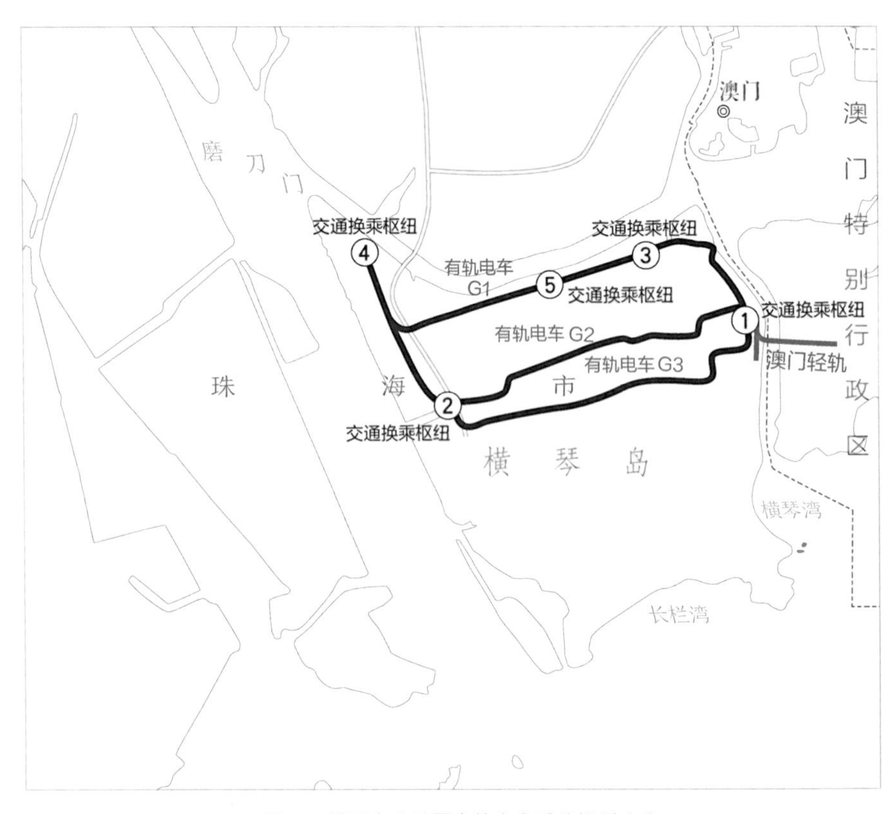

> 图 11 横琴岛内地面有轨电车系统规划建议

参考文献

[1] 中华人民共和国国务院. 国务院关于横琴总体发展规划的批复[Z].2009-08-14.

[2] 珠海市交通运输局,等. 珠海市综合交通运输体系规划[Z].2011-05.

[3] 刘武君,等. 打造交通极 成就桥头堡——珠海市公共交通发展战略研究[M]. 上海:同济大学出版社,2014.

[4] 王一鸣,等.珠海发展战略研究[M]. 北京:中国建筑工业出版社,2009.

[5] 刘武君,吕丹,等. 横琴口岸及综合交通枢纽概念设计[R].2011.

[6] 顾承东,等.广东陆地口岸及其周围地区开发调查[R].2010.

(本文发表于《城市发展研究》2015 年第 11 期)

文章索引

（按发表时间排序）